I0052723

ναι
στην
ανθρώπινη
κλωνοποίηση

ραέλ

ναι
στην
ανθρώπινη
κλωνοποίηση

Αιώνια ζωή χάρις
στην επιστήμη

Πνευματικά δικαιώματα © The Raelian Foundation 2001
Το δικαίωμα του Ραέλ να θεωρείται συγγραφέας αυτού του έργου
έχει κατοχυρωθεί από τον ίδιο   σύμφωνα με τον Νόμο του 1988
περί Πνευματικών Δικαιωμάτων, Σχεδίων και Ευρεσιτεχνιών.
Όλα τα Δικαιώματα Κρατημένα. Κανένα μέρος αυτής της
έκδοσης δεν μπορεί να αναπαραχθεί, να αποθηκευθεί σε ένα
σύστημα ανάκτησης ή να αναμεταδοθεί σε οποιαδήποτε μορφή
με οποιοδήποτε μέσο, ηλεκτρονικό, μηχανικό, φωτοτυπία,
ηχογράφηση ή άλλο, χωρίς την πρωτύτερη έγκριση του εκδότη
και ιδιοκτήτη των πνευματικών δικαιωμάτων.

ISBN-10 : 2-940252-24-6
ISBN-13 : 978-2-940252-24-4

Εκδότης: Nova Distribution
Μπορείτε να επικοινωνήσετε με τον εκδότη στο:
publishing@rael.org

Διαχείριση Έργου & Σύνθεση: Cameron Hanly
Μετάφραση: Κωνσταντίνος Παπαζαχαρίου - Εβίτα Τσίχλη
Σχεδιασμός Εξωφύλλου: Myriam και Pierre-Andre Dorsaz

Περιεχόμενα

ΕΙΣΑΓΩΓΗ ΤΟΥ ΣΥΓΓΡΑΦΕΑ 7

ΕΙΣΑΓΩΓΙΚΟ ΣΗΜΕΙΩΜΑ ΑΠΟ ΤΗΝ ΜΠΡΙΖΙΤ ΜΠΟΥΑΣΕΛΙΕ.....................10

ΕΙΣΑΓΩΓΙΚΟ ΣΗΜΕΙΩΜΑ ΑΠΟ ΤΟΝ ΜΑΡΚΟΥΣ ΒΕΝΕΡ 18

ΕΙΣΑΓΩΓΙΚΟ ΣΗΜΕΙΩΜΑ ΑΠΟ ΤΟΝ ΝΤΑΝΙΕΛ ΣΑΜΠΟ 26

ΑΝΘΡΩΠΙΝΗ ΚΛΩΝΟΠΟΙΗΣΗ: ΠΡΟΣΒΑΣΗ ΣΤΗΝ ΑΙΩΝΙΑ ΖΩΗ 33

ΕΝΑ ΠΑΙΔΙ «ΚΑΤΑ ΠΑΡΑΓΓΕΛΙΑ» 50

ΓΕΝΕΤΙΚΑ ΤΡΟΠΟΠΟΙΗΜΕΝΑ ΤΡΟΦΙΜΑ 55

ΤΟ ΔΙΑΔΙΚΤΥΟ: ΜΙΑ ΘΡΗΣΚΕΥΤΙΚΗ ΕΜΠΕΙΡΙΑ 59

ΝΑΝΟΤΕΧΝΟΛΟΓΙΑ:ΤΟ ΤΕΛΟΣ ΤΩΝ ΧΡΗΜΑΤΩΝ ΚΑΙ ΤΟΥ ΜΟΧΘΟΥ.....68

ΕΞΕΡΕΥΝΗΣΗ ΤΟΥ ΔΙΑΣΤΗΜΑΤΟΣ 75

ΓΙΑ ΜΙΑ ΗΛΕΚΤΡΟΝΙΚΗ ΔΗΜΟΚΡΑΤΙΑ 85

Η ΑΛΗΘΕΙΑ ΓΙΑ ΤΗΝ CLONAID.COM 88

ΒΙΟΛΟΓΙΚΑ ΡΟΜΠΟΤ 96

ΥΠΕΡ-ΟΥΜΑΝΙΣΜΟΣ...102

ΕΛΟΧΕΙΜΟΠΟΙΗΣΗ 116

CYBORGS..121

ΝΕΕΣ ΤΕΧΝΟΛΟΓΙΕΣ ΚΑΙ Η ΠΡΟΣΤΑΣΙΑ ΤΟΥ ΠΕΡΙΒΑΛΛΟΝΤΟΣ 123

ΕΝΑΣ ΠΟΛΙΤΙΣΜΟΣ ΑΠΟΛΑΥΣΗΣ...126

ΤΑ ΣΠΙΤΙΑ ΤΟΥ ΜΕΛΛΟΝΤΟΣ 135

ΜΑΚΡΟΒΙΟΛΟΓΙΑ 139

ΣΥΜΠΕΡΑΣΜΑ 146

ΔΙΑΚΗΡΥΞΗ ΓΙΑ ΤΗΝ ΥΠΕΡΑΣΠΙΣΗ ΤΗΣ ΚΛΩΝΟΠΟΙΗΣΗΣ ΚΑΙ ΤΗΣ
ΑΚΕΡΑΙΟΤΗΤΑΣ ΤΗΣ ΕΠΙΣΤΗΜΟΝΙΚΗΣ ΕΡΕΥΝΑΣ 153

Η ΔΗΛΩΣΗ ΤΟΥ ΡΑΕΛ ΣΤΟ ΚΟΓΚΡΕΣΟ ΤΩΝ ΗΠΑ..........................159

ΑΝΑΦΟΡΕΣ..163

ΕΠΙΣΗΜΕΣ ΔΙΕΥΘΥΝΣΕΙΣ ΣΤΟ INTERNET ΣΧΕΤΙΚΕΣ ΜΕ ΤΟ ΡΑΕΛΙΑΝΟ
ΚΙΝΗΜΑ 169

ΕΙΣΑΓΩΓΗ ΤΟΥ ΣΥΓΓΡΑΦΕΑ

Το 1974, δημοσίευσα Το Βιβλίο Που Λέει Την Αλήθεια, το οποίο περιγράφει την επαφή που είχα με τους Ελοχείμ, τους εξωγήινους που μας δημιούργησαν επιστημονικά στα εργαστήριά τους και οι οποίοι λανθασμένα θεωρήθηκαν «Θεός» ή «Θεοί» από τους πρωτόγονους πρόγονούς μας, που ήταν πολύ αμαθείς για να κατανοήσουν την αλήθεια. Εκείνη την εποχή, ήταν ο ενθουσιασμός του κοινού για το «φαινόμενο των UFO» που έκανε επιτυχία τα βιβλία μου και τις διαλέξεις που έδωσα σε ολόκληρο τον κόσμο.

Παρ' όλα αυτά, όταν εξήγησα ότι σύντομα θα είμαστε ικανοί να κάνουμε το ίδιο πράγμα και εμείς και να ζούμε αιώνια, χάρις στην κλωνοποίηση, πολλοί γέλασαν. Όμως, το γέλιο τους ήταν το κούφιο χαχανητό εκείνων που ήταν πάντοτε κοντόφθαλμοι και δεν μπορούσαν να δουν πέρα από τη μύτη τους και να προβλέψουν την αποτυχία των δικών τους παραδειγμάτων.

Τώρα, μετά από 27 χρόνια και κάτι πρόβατα, όπως η Ντόλλυ, η συνειδητοποίηση του ότι οι προβλέψεις μου έγιναν πραγματικότητα έσβησε τα χαμόγελα από τα πρόσωπά τους-και ήρθε ο καιρός να ανεβάσουμε ταχύτητα και να αποκαλύψουμε τι μας επιφυλάσσει το μέλλον.

Ενώ η πρώην γενιά των «baby boomers», που τώρα έχει γίνει η γενιά των «daddy boomers», είναι τρομαγμένη από όλες τις πρόσφατες εξελίξεις, σαν έναν γερασμένο άνθρωπο που τα χει χαμένα, μια νέα γενιά παίρνει τη θέση της στην κοινωνία η οποία δεν έχει πρόβλημα να προσαρμοστεί στις νέες αξίες που προβάλλουν στο ξύπνημα αυτής της τεχνολογικής επανάστασης.

Προφανώς, τα παιδιά μας, που παίζουν με τους ηλεκτρονικούς υπολογιστές τους από την ηλικία των πέντε ή των έξι, δεν έχουν τον ίδιο εγκέφαλο με εκείνους που μεγάλωσαν με ξύλινα ή μεταλλικά παιχνίδια, και που τα μυαλά τους σαφώς έχουν ατροφήσει συγκριτικά. Ο άνθρωπος του εικοστού αιώνα, η πιο παλιά γενιά δηλαδή, δεν θα είναι ικανή να προσαρμοστεί εντελώς στον κόσμο που έρχεται. Όπως όλοι οι ηλικιωμένοι άνθρωποι που αντιστέκονται στην υποβάθμιση της εξουσίας τους, θα προσπαθήσουν να νομοθετήσουν και να εμποδίσουν την ασταμάτητη πρόοδο προς τον Νέο Άνθρωπο[1]. Ωστόσο, θα καταστούν αδύναμοι και τελικά θα παραπεμφθούν στο ιστορικό μουσείο, ή μάλλον στο προϊστορικό μουσείο όταν θα συνειδητοποιήσουμε πόσο «Νεάτερνταλ» θα φαίνεται ο άνθρωπος του εικοστού αιώνα μέσα σε αυτόν τον νέο πολιτισμό.

Τόσο το καλύτερο, γιατί εάν είναι ενάντιοι στην ανθρώπινη κλωνοποίηση και την αιώνια ζωή, τότε αφήστε τους να πεθάνουν. Και τότε θα κάνουν χώρο στη νέα γενιά, η οποία θα αποδεχτεί σίγουρα το δώρο της αιώνιας ζωής, χάριν στην επιστήμη, με ενθουσιασμό και θα επιτρέψουν σε εκείνους που δεν θέλουν να πεθάνουν να επωφεληθούν από αυτές τις νέες δυνατότητες.

Η αιώνια ζωή δεν πρέπει να είναι υποχρεωτική. Για την ακρίβεια, η αιώνια ζωή θα πρέπει να είναι μόνο για αυτούς που την επιθυμούν, γιατί αν είμαστε θλιμμένοι και δυστυχισμένοι με τις ζωές μας, τότε και μόνο η ιδέα του να ζήσουμε για πάντα είναι μια αβάσταχτη πηγή πόνου. Μερικά καταθλιπτικά άτομα βρίσκουν ακόμα και την ιδέα του να ζήσουν έστω και μια «κανονικής διάρκειας» ζωή

---

1 Σ' αυτό το βιβλίο ο όρος «Νέος άνθρωπος» αναφέρεται στην ανθρώπινη φυλή και συμπεριλαμβάνει και τους άντρες και τις γυναίκες.

75 χρόνων, να είναι τόσο ανυπόφορη, που αυτοκτονούν πολύ πριν φτάσουν σε αυτή την ηλικία.

Έτσι η έννοια της αιώνιας ζωής, που είναι επιλογή και ποτέ δεν επιβάλλεται υποχρεωτικά σε κανένα, μπορεί να προσελκύσει μόνο αυτούς που είναι ευτυχισμένοι που ζουν, και που δεν επιθυμούν οι χαρές που τους φέρνει η ζωή να σταματήσουν. Να γιατί το να διδάσκουμε την ευτυχία και την ευχαρίστηση είναι απαραίτητο μέρος της φιλοσοφία του Νέου Ανθρώπου.

Αν μεγαλώσαμε με την ιδέα ότι η ζωή είναι για να υποφέρουμε και να θυσιαζόμαστε, τότε φυσικά θα αναζητήσουμε το θάνατο για να δραπετεύσουμε από αυτή την «κοιλάδα των δακρύων».

Αλλά αν, από την άλλη μεριά, μεγαλώσαμε με την ιδέα ότι γεννηθήκαμε για την ευχαρίστηση, και ότι τα πάντα γύρω μας είναι πηγή ενδεχόμενης απεριόριστης διέγερσης, ικανής να προκαλεί και να αναπτύσσει αυτές τις απολαύσεις, τότε φυσικά θα επιθυμούμε να παίζουμε και να απολαμβάνουμε τις ατέλειωτες αυτές απολαύσεις για πάντα.

Εισαγωγικό σημείωμα από την Μπριζίτ Μπουασελιέ

Ph. D., Δόκτορ Βιοχημείας
Διευθύντρια της Clonaid (Κλόνεηντ)

«Μια μέρα θα είναι δυνατό να κλωνοποιήσουμε ανθρώπινα όντα και συνεπώς να έχουμε πρόσβαση στην αιώνια ζωή. Μια μέρα θα ταξιδεύουμε πιο γρήγορα από την ταχύτητα του φωτός. Μια μέρα θα γίνουμε ικανοί να δαμάσουμε την διαδικασία του γήρατος...»

Ήταν εκείνο το βράδυ επτά χρόνια πριν, όταν ο Μισέλ – ένας συνάδελφος από τη δουλειά που δειπνούσε μαζί μου, τάραξε το μικρό μου σύμπαν σε περίπου 30 λεπτά. Άρχισε να μιλά για τη θεωρία της επιστημονικής δημιουργίας όλης της ζωής πάνω στη Γη από τους Ελοχείμ και συνέχισε λέγοντας για τις αξίες που πρέπει να καθοδηγούν τις ενέργειές μας πάνω στη Γη, όπως επίσης για ένα μέλλον που είναι δυνατό για μας να αντιληφθούμε, να φανταστούμε, να ονειρευτούμε...

Πώς μπορώ να περιγράψω τις βδομάδες που ακολούθησαν; Μεταξύ του αυστηρά επιστημονικού μου τρόπου σκέψης, της Καθολικής γεμάτης ενοχές εκπαίδευσής μου, της έμφυτης περιέργειάς μου ως επιστήμονα και του ενστικτώδους ενθουσιασμού μου για αυτή τη νέα θεωρία, οι νευρώνες του εγκεφάλου μου δεν ξεκουράστηκαν και πολύ.

Έτσι αποφάσισα να βάλω τον αυστηρά επιστημονικό μου τρόπο σκέψης στην υπηρεσία του ενστίκτου μου και να περάσω μερικούς μήνες διαβάζοντας ξανά όλα τα κείμενα που μπορούσα να βρω σχετικά με την θεωρία της εξέλιξης, και να διαβάσω για αρχαίους πολιτισμούς και τη θρησκεία τους. Επίσης άρχισα να βλέπω την σύγχρονη επιστήμη κάτω από ένα άλλο φως, αυτή την επιστήμη που ήταν μέρος της καθημερινότητάς μου καθώς ήμουν Βοηθός του Διευθυντή Ερευνών της Air Liquide.

Καθώς διάβαζα, απόκτησα συνείδηση της δικής μου περιορισμένης οπτικής που με εμπόδιζε να δω και να κατανοήσω ότι επτά χρόνια πριν γινόμασταν ήδη δημιουργοί και ανα-δημιουργοί ζωής.

Πολλές φορές έπρεπε να απαντήσω σε αυτή την ερώτηση, «Σαν επιστήμονας δεν αντιμετώπισες προβλήματα διαβάζοντας τα Μηνύματα του Ραέλ, για το τι λέει για την κλωνοποίηση, την αιώνια ζωή και τα λοιπά...;» Όχι στ' αλήθεια, συγνώμη γι αυτό! Δεν υπήρχαν καθόλου νοητικά εμπόδια καθαυτά, παρά μόνο οι λογικές ερωτήσεις ενός ερευνητή. Και τότε, αυτή λογική, που βασιζόταν στις γνώσεις μου σαν χημικός, μου έλεγε ότι αν ένα μόριο είναι κλειδωμένο σε μια διαμόρφωση πρωτεϊνικών μορίων αποτέλεσμα μιας χημικής αντίδρασης ή μιας σειράς χημικών αντιδράσεων, πρέπει να υπάρχει ένα χημικό παράγωγο ή ένας συνδυασμός χημικών παραγώγων ικανών να ξεκλειδώνουν αυτή τη διαμόρφωση πρωτεϊνικών μορίων, με έναν αντίστροφο τρόπο.

Για την ακρίβεια, αυτό είναι που ανακάλυψε ο Ίαν Βίλμουτ βάζοντας το DNA ενός προβάτου στο εκπυρηνισμένο ωάριο ενός άλλου προβάτου. Αυτό το ωάριο περιείχε τον συνδυασμό μείξεων ικανό να ξεκλειδώνει τον γενετικό κωδικό (DNA) και να τον γυρίζει στο αρχικό του εμβρυακό/ προ-εξειδικευμένο στάδιο, καθιστώντας δυνατό να αρχίσει από την αρχή η διαδικασία της κυτταρικής διαίρεσης και η απόκτηση ενός νέου εμβρύου. Με μια λέξη, αυτή η μέθοδος επέτρεπε την κλωνοποίηση ενός ζωντανού οργανισμού... Και με αυτόν

11

τον τρόπο η Ντόλλυ, το πρώτο κλωνοποιημένο θηλαστικό, γεννήθηκε – μετά από τέσσερα χρόνια περίπου από τότε που διάβασα τα μηνύματα του Ραέλ για πρώτη φορά.

Μήπως ήμουν μια πεφωτισμένη επιστήμονας όταν είπα ότι η κλωνοποίηση θα γινόταν, όπως προβλέφθηκε από τον Ραέλ και όλα αυτά, εναντίον στην άποψη του Κατεστημένου; Όχι. Απλά έβγαλα τις παρωπίδες μου και έβαλα λίγη κοινή λογική στην αυστηρή επιστημονική μου σκέψη.

Το ίδιο είχε ειπωθεί και για την ταχύτητα του φωτός, που θεωρήθηκε ως σταθερά από φυσικούς και υπολογίστηκε να είναι 3×10^8 μ/δ. Μήπως το γεγονός ότι του δόθηκε αυτή η τιμή στις περισσότερες πλανητικές καταστάσεις σημαίνει ότι δεν υπάρχει τρόπος να το επιταχύνουμε ή να το επιβραδύνουμε αλλάζοντας τις παραμέτρους; Πρέπει να δεχτούμε αυτό το όριο; Είναι απλή κοινή λογική να πούμε ότι πρέπει να υπάρχει τρόπος για να αλλάξουμε αυτή την ταχύτητα. Στην πραγματικότητα, τα τελευταία τέσσερα χρόνια, επιστήμονες το πέτυχαν πολλές φορές σε διαφορετικά πανεπιστήμια σε ολόκληρο τον κόσμο.

Δυστυχώς οι θεωρητικοί της εποχής μας προσπαθούν να επιμείνουν σ' αυτή τη θεωρία παρά αυτά τα νέα αποτελέσματα. Αλλά σίγουρα μια νέα θεωρία θα εμφανιστεί... Μήπως θα βάλει νέες παρωπίδες στους πολλούς μαθητές που θα πρέπει να τη μάθουν ή θα τους διδαχθεί σαν μια θεωρία που θα αντικατασταθεί από μια άλλη η οποία με τη σειρά της θα αντικατασταθεί από μια άλλη και έτσι θα συνεχίζεται η διαδικασία επ' άπειρον καθώς η γνώση μας για το άπειρο είναι άπειρη; Δεν είμαι και τόσο σίγουρη ότι θα διδαχθούν τα παιδιά αυτή την διδασκαλία γιατί βλέποντας στο παρελθόν, η ιστορία μας είναι γεμάτη από παρόμοια λάθη που μας κάνουν να χαμογελάμε σήμερα.

Το 1894, ο Άλμπερτ Μίκελσον έκανε μια ομιλία στα εγκαίνια του Εργαστηρίου Φυσικής στο Πανεπιστήμιο του Σικάγο στην οποία είπε: «Τα πιο σημαντικά γεγονότα και νόμοι της φυσικής έχουν όλα ανακαλυφθεί». Αυτή η γνώμη ήταν η γνώμη που συμμερίζονταν η πλειοψηφία της επιστημονικής κοινότητας. Λιγότερο από 10 χρόνια μετά, ο Αϊνστάιν δημοσίευσε το πρώτο από μια σειρά άρθρων που έφεραν μια νέα επαναστατική αντίληψη και κατανόηση του σύμπαντος στην τότε εποχή. Η δουλειά του Αϊνστάιν ήταν βασισμένη και στα αποτελέσματα της έρευνας του Μίκελσον, μεταξύ άλλων.

Το 1933, λίγο μετά από την πρώτη επίδειξη της διάσπασης του ατόμου, ο Βρετανός φυσικός και τιμημένος με Νόμπελ, Έρνεστ Ρέδερφορντ, ανακοίνωσε: «Η ενέργεια που παράγεται από το άτομο είναι αμελητέα. Εκείνοι που περιμένουν να βρουν μια νέα πηγή ενέργειας σε αυτή την μετατροπή ονειρεύονται γλυκά». Ο Άλμπερτ Αϊνστάιν συμφώνησε μαζί του και είπε: «Δεν υπάρχει έστω και η πιο μικρή ένδειξη ότι η πυρηνική ενέργεια θα είναι μια μέρα προσιτή...» Η Χιροσίμα συνέβη δώδεκα χρόνια αργότερα...

Αυτά τα παραδείγματα δείχνουν καθαρά ότι οι πρωτοπόροι του χτες γρήγορα δέθηκαν στο άρμα «διανομής παρωπίδων». Αυτό μου θυμίζει ένα σχόλιο του συγγραφέα Άρθουρ Κλάρκ που μου αρέσει πολύ. Είπε: «Όταν ένας σχετικά ηλικιωμένος, διαπρεπής και εξέχων επιστήμονας λέει ότι κάτι είναι δυνατό να γίνει, προφανώς έχει δίκιο. Αλλά όταν λέει ότι κάτι είναι αδύνατο τότε μάλλον κάνει λάθος».

Η ιστορία, μας λέει ότι όλες οι επαναστατικές ιδέες αρχικά απορρίπτονται με την ταμπέλα «αδύνατον». Μερικές φορές μια ιδέα φτάνει να χαρακτηρίζεται «τερατώδης» ή «εξωφρενική» προκειμένου να αποτραπεί η πραγματοποίησή της... Ωστόσο, μερικά χρόνια αργότερα, μετατρέπεται από «αδύνατον» στο «πιθανά δυνατόν αλλά κοστίζει», και στη συνέχεια σύντομα γίνεται «εγώ πάντα υποστήριζα ότι ήταν μια καλή ιδέα». Αυτός ο κανόνας

13

που έρχεται με τις επαναστατικές ιδέες επαληθεύεται σε όλους τους τομείς της επιστήμης. Ανέφερα πρωτύτερα τα πολύ γνωστά πεδία της φυσικής αλλά είναι επίσης αλήθεια και για την βιολογία και την ιατρική όπου κάθε πρωτότυπη ιδέα είναι λόγος θύελλας διαμαρτυριών γιατί αγγίζουν τόσο την ανθρώπινη πλευρά όσο και την έννοια του «θεϊκού».

Στην αρχή του δέκατου ένατου αιώνα, η χρήση των αναισθητικών ήταν αρκετά συνηθισμένη στη χειρουργική, αλλά οι ηθικολόγοι επαναστάτησαν ενάντια στη χρήση τους με την δικαιολογία ότι απάλυναν το πόνο κατά τη διάρκεια του τοκετού. Μα δεν είναι γραμμένο στην Βίβλο ότι η γυναίκα θα γεννά με πόνους; Έτσι βασικά ήταν πρακτικά αδύνατο να δοθούν φάρμακα σε μια γυναίκα που γεννούσε για να σταματήσουν οι πόνοι της, γιατί ήταν αντίθετο με το θέλημα του Θεού!

Ήταν η βασίλισσα Βικτόρια, που χάρη στον τολμηρό χαρακτήρα της βοήθησε να γίνει αυτή η πρακτική δεκτή, παίρνοντας η ίδια φάρμακα (είχε εννέα παιδιά) και έτσι αναμετρήθηκε με τους ηθικολόγους και τους έκανε να σωπάσουν. Ήταν ένα μεγάλο άλμα προς το φως μέσα στον σκοταδισμό που επικρατούσε εκείνες τις μέρες και βασιζόταν κυρίως στους νόμους του Θεού κάθε φορά που τα πιστεύω αμφισβητούνταν. Χαμογελάω όταν ακούω τον Πάπα Ιωάννη-Παύλο να διαμαρτύρεται εναντίον της κλωνοποίησης χρησιμοποιώντας το κλισέ, «Δεν πρέπει να παριστάνετε το Θεό». Αλλά την ίδια στιγμή προσβάλλομαι όταν γίνονται τέτοιες δηλώσεις.

Έχει ξεχάσει πως οι χειρούργοι έσωσαν τη ζωή του περισσότερες από μια φορές και αν δεν ήταν εκείνοι και ο τρόπος που παριστάνουν το Θεό, δεν θα βρισκόταν πλέον εδώ. Πώς μπορεί να αρνείται μια νόμιμη προσδοκία για αιώνια ζωή που η κλωνοποίηση θα φέρει στο πολύ κοντινό μας μέλλον, όταν ο ίδιος κηρύττει και προσεύχεται κάθε μέρα για μια αιώνια ζωή κάπου αλλού; Πώς μπορεί να είναι εναντίον της έρευνας για τη γήρανση όταν ένας από τους προκατόχους του, ο Πάπας Πίος ΧΙ, που είχε λιγότερους ηθικούς ενδοιασμούς, έκανε τακτικά ενέσεις εμβρύου προβάτου στην κλινική αναζωογόνησης Πωλ Νιχάους της Ελβετίας;

Αυτές οι βλέψεις για μακροημέρευση φαίνονται τόσο φυσικές που δεν υπάρχει καμιά αμφιβολία ότι οι επιστήμονες σύντομα θα αποκαλύψουν τα μυστήρια των γηρατειών όπως προφητεύεται και εξηγείται από τον Ραέλ με περισσότερες λεπτομέρειες σε αυτό το βιβλίο.

Εφτά χρόνια μετά από την πρώτη έκθεσή μου στα Μηνύματα και στον Αγγελιοφόρο, Ραέλ, τον ένα που επιλέγω να αποκαλώ, «Αγαπημένο μου Προφήτη» μπορώ να νιώσω, πολύ περισσότερο από ποτέ, την σπουδαιότητα της επανάστασης που φέρνουν οι προφητείες και οι διδασκαλίες του.

Όταν ενσυνείδητα κάνουμε την επιλογή να αφαιρέσουμε τις παρωπίδες μας, η θέα που εμφανίζεται μπροστά μας είναι τόσο ενθουσιαστική. Μερικές φορές με ρωτούν: «Αξίζει τον χρόνο σου Μπριζίτ με τον τρόπο που επιστρατεύεσαι για να διαδώσεις τα Μηνύματα και τις διδασκαλίες του Ραέλ και των δημιουργών μας;» Η απάντησή μου είναι πάντα η ίδια – το ίδιο και η αγάπη στα μάτια του Προφήτη όταν τον κοιτάζω. Είναι, κατά κάποιο τρόπο, η απάντησή μου σε αυτή την αγάπη.

Είμαι οπωσδήποτε ευτυχισμένη που πραγματοποιούμε αυτήν την επανάσταση, ευτυχισμένη να έχω ενεργή συμμετοχή σ' αυτή την κοσμογονική ραγδαία αλλαγή, ειδικά με την έναρξη της προσπάθειας της κλωνοποίησης. Όταν κάποιος έχει επίγνωση του τι θα φέρει το μέλλον και κατανοεί την σπουδαιότητα των αποκαλύψεων του Ραέλ, δεν είναι δυνατό να την κρατήσει μόνο για τον εαυτό του. Τα γραπτά του Ραέλ έχουν ξυπνήσει μια δύναμη μέσα μου, μιαν ανυποψίαστη γαλήνη. Μπορώ να πω ότι είναι εκεί, νιώθω ότι είναι σωστή και την φέρω με το κεφάλι μου ψηλά.

Πολύ συχνά η θεωρία της επιστημονικής δημιουργίας ονομάζεται «αδύνατη» και ακόμη «επικίνδυνη» σε μερικές περιοχές του κόσμου. Οι επιστημονικές, κοινωνικές και πολιτικές προβλέψεις που έρχονται με αυτή τη θεωρία συχνά χαρακτηρίζονται ως «εξωφρενικές» και όπως οι προκάτοχοί του, ο ίδιος ο Προφήτης περιγράφεται ως ένας απατεώνας στην ίδια του τη χώρα... Αλλά την ίδια στιγμή, μας μιλά για αγάπη, μας μιλά για το άπειρο, μας κάνει να ονειρευόμαστε έναν κόσμο απόλαυσης και συνειδητότητας και μας δείχνει τον δρόμο για να τον κατορθώσουμε.

Η ιστορία μας λέει ότι το μέλλον κτίζεται πάνω σε επαναστατικές ιδέες. Έτσι αφήνω την ιστορία πίσω και άφοβα στρέφομαι προς αυτό το μέλλον το οποίο επιλέγω με απόλυτη βεβαιότητα. Η διαδικασία γήρανσης μια μέρα, θα αποτελεί απλά μια ιστορία του παρελθόντος και ο θάνατος θα γίνει μια επιλογή αντί για ένα αναπόφευκτο τέλος– και είμαι σίγουρη ότι οι άνθρωποι θα διαχειριστούν αυτή την αλλαγή διαφορετικά από το να την απαγορεύσουν. Σήμερα, έλαβα ένα τηλεφώνημα από ένα ζευγάρι που έχασε ένα παιδί σε ένα ατύχημα σε νεαρή ηλικία, και θα δώσω όλη μου την ενέργεια για να επιτρέψω σε αυτό τον γενετικό κώδικα να εκφράσει τον εαυτό του.

Έχω επιτυχώς αφαιρέσει όλες τις παρωπίδες μου; Ξεπέρασα όλα μου τα όρια; Δεν υποκρίνομαι πως ναι. Αλλά αυτό που ξέρω είναι ότι προσπαθώ σε καθημερινή βάση να μην βάζω όρια στις ελπίδες μου ή στην φαντασία μου, ή στην αγάπη που έχω για τον Αγαπημένο μου Προφήτη και για αυτούς που αντιπροσωπεύει – και την αγάπη που έχω για όλα τα ανθρώπινα όντα σε αυτό τον πλανήτη που Έχει συμφωνήσει να καθοδηγήσει.

Όσο για εσάς, αγαπητοί αναγνώστες που σύντομα θα ανακαλύψετε το μέλλον και όλη την ομορφιά που περικλείει, μην αφήσετε τη λέξη «αδύνατο» να διαπεράσει τον εγκέφαλό σας, γιατί είναι μια μάταια επιστροφή στο παρελθόν.

Σε ευχαριστώ Ραέλ που μοιράστηκες μαζί μας αυτή την συνειδητοποίηση της επιστήμης που ανάπτυξες ή μάλλον θα έπρεπε να πω, αυτή την επιστήμη συνειδητοποίησης! Ευχαριστώ Αγαπημένε Προφήτη που μου έδωσες το πελώριο προτέρημα του να σε υπηρετώ.

Μπριζίτ Μπουασελιέ, Ph.D.
Επόπτης του Ραελιανού Επιστημονικού Σχεδιασμού
Διευθύντρια της Clonaid
Καθηγήτρια Βιοχημείας

Εισαγωγικό Σημείωμα από τον Μάρκους Βένερ

Η ανθρωπότητα είναι στο κατώφλι του παραδείσου. Από την αυγή της ανθρωπότητας, οι άνθρωποι ονειρευόταν αυτή τη μέρα και όμως τώρα, παρόλο που είμαστε τόσο κοντά, υπάρχουν μερικοί από μας που δεν μπορούν να το δουν, όπως οι τελευταίοι μαχητές της ζούγκλας που κρύβονται ακόμη στους βάλτους χωρίς να ξέρουν ότι ο πόλεμος τέλειωσε δεκαετίες πριν. Παρόλο που η πραγματικότητα είναι η ειρήνη, αυτοί κλίνουν στη μεριά του πολέμου. Αυτοί είναι οι «Νέο-Νεάτερνταλ», στους οποίους αναφέρεται ο Ραέλ σε αυτό το βιβλίο. Αυτοί είναι οι άνθρωποι που συνεχίζουν να σέρνουν μαζί τους τις ξεπερασμένες αξίες τους σαν μπάλα καταδίκου όπου και να πάνε, ξέροντας ότι κάπου υπάρχει κάποιο πρόβλημα, αλλά χωρίς να συνειδητοποιούν ότι οι είναι οι ίδιοι που το κουβαλούν μαζί τους.

Αλλά όλοι είμαστε προϊόντα της εκπαίδευσής μας και για τους περισσότερους από μας, η εκπαίδευσή μας ήταν στο παρελθόν, κι έτσι είμαστε κομμάτια του παρελθόντος που προσπαθούμε να βρούμε το δρόμο μας μέσα στο μέλλον. Προσπαθούμε όλοι να εξερευνήσουμε ένα νέο άγνωστο τοπίο χρησιμοποιώντας έναν παλιό χάρτη που σχεδιάστηκε στην παιδική ηλικία. Δεν είναι έκπληξη το γεγονός ότι τόσοι πολλοί άνθρωποι είναι χαμένοι! Αλλά δεν χρειάζεται να είναι έτσι, και η άποψή μας για την πραγματικότητα δεν χρειάζεται να σταθεροποιείται στο τέλος της εφηβείας μας και να μην είναι αναστρέψιμη. Όπως ο Πήτερ Παν, δεν πρέπει να απορρίπτουμε τα

18

παιδικά μας όνειρα, ή να χάνουμε την ικανότητα να φανταστούμε και να δούμε τον κόσμο με δέος, ή να ξεχάσουμε πώς να μεγαλώνουμε και να ενημερώνουμε τον χάρτη μας του θησαυρού. Γιατί αυτό θα χρειαστούμε για να κάνουμε το τελευταίο βήμα στο Νησί του Θησαυρού. Θα τα καταφέρουμε να μπούμε στον παράδεισο μόνο αν λύσουμε τις τελευταίες αλυσίδες και δούμε τον κόσμο από την καλή του πλευρά, αντί να κρατιόμαστε πίσω, με τους φόβους του παρελθόντος. Δεν μπορείς να κάνεις το άλμα φορώντας αλυσίδες και η δίοδος είναι πολύ μικρή για έναν ενήλικα. Μόνο παιδιά μπορούν να περάσουν, με το δώρο της ανοικτής περιέργειας, την ικανότητα να ονειρεύονται, να αγαπούν άνευ όρων και να φαντάζονται, όλα με την γνήσια αθωότητα της ύπαρξης.

Όλοι οι μεγάλοι φιλόσοφοι ονειρεύτηκαν αυτή τη μέρα. Από τους αρχαίους Έλληνες μέχρι τους σύγχρονους οραματιστές και καλλιτέχνες μας. «Imagine all the people»... Στο παρελθόν, οι άνθρωποι έπρεπε να μοχθούν με τα χέρια τους, υποταγμένοι στις δυνάμεις της Φύσης ή χειρότερα, στα καπρίτσια της καταπίεσης. Σκεφτείτε τις αμέτρητες μανάδες, τους δικούς σας προγόνους – τη δική σας σάρκα και αίμα - που υπόφεραν τόσο πολύ στη ζωή, χωρίς φάρμακα, χωρίς ασφάλεια, χωρίς τη σιγουριά του ότι αύριο θα έχουν φαγητό ή ότι ο άντρας τους θα επιστρέψει ζωντανός την επόμενη μέρα, ζώντας στο διαρκή φόβο μιας εισβολής από γείτονες κακοποιούς, ή μιας «θρησκευτικής»τιμωρίας για το λόγο ότι σκέφτονται διαφορετικά, στο φόβο μιας τιμωρίας από τους μεγαλοκτηματίες, ή μιας αρρώστιας, τα χέρια παραλυμένα από το παγωμένο νερό, χωρίς μαλακά στρώματα για να κοιμηθούν, παρά μόνο με ψειριασμένα στρώματα φτιαγμένα από άχυρο που τσιμπά «αν ήταν τυχεροί», τα αυτιά τους κουφαμένα από τις 16 ώρες δουλειάς στους μύλους από νεαρή ηλικία, και τα μυαλά τους κατεστραμμένα από το συνεχές άγχος.

Σε σύγκριση με το σήμερα, η ζωή ήταν μια σειρά τραυματικών βασάνων ανάμεικτων με άγνοια, φόβο και σκληρότητα. Καμία έκπληξη δεν προκαλεί το γεγονός ότι οι διεφθαρμένες θρησκείες δόξαζαν αυτό τον πόνο και τον έκαναν το κλειδί για τον παράδεισο. Και εν τω μεταξύ ανάμεσα σε όλο αυτό τον μόχθο και τη δουλειά, υπήρχε η ελπίδα - η ελπίδα ότι τα παιδιά τους θα είχαν μια καλύτερη ζωή, ελπίδα ότι το μέλλον ήταν πολλά υποσχόμενο, ελπίδα ότι τα όσα υπόφεραν δεν θα πάνε άδικα και ότι θα ίσως αμειφθούν για όλα αυτά κάποια μέρα - στον παράδεισο. Κι αυτός ο παράδεισος είναι το σήμερα! Θερίζουμε τον παράδεισο του μόχθου τους. Είμαστε ο τελευταίος κρίκος σε μια αλυσίδα θυσιών, η μάνα να αφιερώνει τη ζωή της στα παιδιά της, και τα παιδιά στην κυριολεξία να απομυζούν τη ζωή της μητέρας τους μέσα από τα στήθη της για να την περάσουν στα δικά τους παιδιά. Ή οι μαχητές της ελευθερίας που ρισκάρουν τη ζωή τους απέναντι σε μια πρόκληση ή σε έναν φονιά, μοναχά για να περάσουν τα όνειρά τους σ' εμάς. Σε κάθε γενιά υπήρξαν έντιμοι άνθρωποι που πήραν αυτό που ήταν καλό και το έκαναν ακόμη καλύτερο ή αντιστάθηκαν στο κακό. Σιγά σιγά, κάθε γενιά επιστημόνων, αρχιτεκτόνων, εμπόρων, ηγετών, δασκάλων, μαθαίνοντας από τους προηγούμενους καθοδηγητές τους και προσθέτοντας (ή αφαιρώντας) τη δική τους μικρή συνεισφορά έκτισαν τα θεμέλια του κόσμου μας. Η ανθρωπότητα είναι σαν ένα μεγάλο στύλο τοτέμ, κάθε γενιά στέκεται στους ώμους των προγόνων της, από τη στιγμή που εξοριστήκαμε από τον Κήπο της Εδέμ μέχρι σήμερα που επιτέλους μπορούμε τώρα να ανασηκώσουμε τις κοιλιές μας από τη σκόνη και να υψώσουμε τα κεφάλια μας πιο ψηλά απ' όλα, να πάρουμε μια ανάσα και να σκουπίσουμε τα δάκρυα από τα μάτια μας.

Το καθετί γύρω μας, από το απλό μολύβι μέχρι τον πιο περίπλοκο Η/Υ, είναι εδώ λόγω του μόχθου τόσων πολλών ανθρώπων που έζησαν και πέθαναν πριν από μας. Κάθε μικρό κομματάκι ανθρώπινης ελευθερίας σήμερα, αγοράστηκε με το αίμα του παρελθόντος. Κάθε άτομο πρόσθεσε ή αφαίρεσε από το τελικό αποτέλεσμα, αλλά η τελική καταμέτρηση σήμερα είναι θετική. Το ότι είμαστε ζωντανοί τώρα, το οφείλουμε στα φτωχά αγόρια του Ντίκενς, που ζητιάνευαν και υπομείνανε την αγριότητα, τόσο όσο για να περάσουν τα γονίδιά τους σ' εμάς πριν εκπνεύσουν, σαν μια πολύ μακριά θανατηφόρα κούρσα σκυταλοδρομίας. Συγκρίνετε τη ζωή σας με τη δική τους. Το ότι έχουμε χρόνο να σκεφτούμε και να χαλαρώσουμε, αντί να ανησυχούμε για την επιβίωση, είναι χάρη σ' αυτούς - ειδικά σ' εκείνους που συνέβαλαν θετικά στην ανθρωπότητα και οι οποίοι τέθηκαν στο περιθώριο και ακόμα καταδιώχθηκαν από την κοινωνία, γιατί έφεραν κάτι καινούριο. Αλλά, χάριν στην εμμονή τους, κατάφεραν παρόλα αυτά να την τραβήξουν πιο κοντά σε αυτό που είναι σήμερα, πιο κοντά στον χρυσό αιώνα της ευτυχίας στον οποίο αρχίσαμε να μπαίνουμε, τον οποίο εκείνοι μόνο μπορούσαν να ονειρεύονται. Ζούμε τα όνειρα τόσων πολλών επαναστατών, αιρετικών, αποβλήτων ή οποιαδήποτε άλλη ταμπέλα τους έβαλαν επειδή ήταν μπροστά από την εποχή τους και τους το χρωστάμε να τρέξουμε τον τελευταίο γύρο. Διαφορετικά υπέφεραν μάταια. Και ποιος ξέρει, ίσως αποφασίσουμε να φέρουμε μερικούς από αυτούς τους ανθρώπους, που αφιέρωσαν τη ζωή τους στην πρόοδο, πίσω στη ζωή ξανά όταν έχουμε την κατάλληλη τεχνολογία, ώστε να απολαύσουν μια μεταθανάτιο ζωή στον παράδεισο μετά απ όλα αυτά! Αλλά αυτή είναι μια άλλη ιστορία...

Φανταστείτε τη μέρα που θα παράγουμε φαγητό αυτόματα χωρίς την ανάγκη για ανθρώπινη δουλειά. Φανταστείτε έναν κόσμο όπου ότι χρειαζόμαστε θα μπορεί να παράγεται από ρομπότ. Αυτό θα σήμαινε ότι κάθε πεινασμένο παιδάκι θα μπορούσε ξαφνικά να έχει διαθέσιμο φαγητό, απεριόριστα παιχνίδια και εκπαίδευση. Ξαφνικά θα είχαν ίσες ευκαιρίες σαν πολίτες της Γης.

Κι εσύ; Τι θα έκανες με τον χρόνο σου; Δεν θα χρειάζεται να δουλεύεις κάθε μέρα και να νοικιάζεις το μυαλό σου και το κορμί σου για το κέρδος κάποιου άλλου. Δεν θα υπάρχει ανάγκη για όλα αυτά τα γραφεία κι όλα τα πήγαινε - έλα. Αντίθετα, θα μπορούσες να περιφέρεσαι στα αμέτρητα δωρεάν καταστήματα ή εστιατόρια που θα διαχειρίζονται ρομπο-μάγειρες, να γνωρίζεις αμέτρητους ενδιαφέροντες φίλους και να τρως ό, τι τραβάει η ψυχή σου. Θα μπορούσες να περάσεις τη μέρα σου μαθαίνοντας μουσική ή χημεία, αναβαθμίζοντας τη μνήμη σου με διαδραστικά τσιπάκια πληροφοριών, φυτρώνοντας φτερά στο σώμα σου μόνο και μόνο για την ομορφιά τους, σχεδιάζοντας δέντρα που θα γίνονται σπίτια και παρακολουθώντας τους σπόρους να μεγαλώνουν ή θα μπορούσες να βλέπεις μέσα από τα μάτια μιας λιβελλούλης και να την κάνεις να πετάει όπου εσύ θέλεις. Οι δυνατότητες που ανοίγονται από την αλληλεπίδραση της ευφυούς βιο-ύλης και των εγκεφάλων μας είναι ατελείωτες. Τα πάντα θα σχεδιάζονται για να είναι όμορφα για την ολοκλήρωση του ανθρώπου, και όχι άσχημα για παραγωγικούς λόγους. Καθώς οι ηλεκτρονικοί υπολογιστές θα φροντίζουν για όλες τις βασικές μας ανάγκες, τα λιγότερο αντικαταστάσιμα ανθρώπινα χαρακτηριστικά της αγάπης, της φαντασίας, και της συνείδησης θα γίνουν τα πιο πολύτιμα αγαθά και στην ημερήσια διάταξη.

Αλλά εκτός από αυτές τις δομικές αλλαγές γύρω σου, τι γίνεται με τις αλλαγές που θα γίνουν μέσα σου; Πώς θα χειριστείς το να μην έχεις αφεντικό που να σου λέει τι θα κάνεις; Πώς θα οργανώσεις το χρόνο σου, θα θρέψεις το αίσθημα της αξίας σου σαν πολίτης, και θα εκπληρώσεις την ικανοποίηση της ζωής σου; Πώς θα μπορέσεις να νιώθεις σημαντικός /ή όταν δεν έχεις μια θέση στην κοινωνία η οποία σήμερα είναι βασισμένη

22

μόνο στο επάγγελμα και στα χρήματα; Οι περισσότεροι άνθρωποι που χάνουν τις δουλειές τους τη σήμερον ημέρα παθαίνουν κατάθλιψη γι αυτούς ακριβώς τους λόγους, αλλά γιατί να είναι έτσι;

Εδώ είναι που το «παιδί μέσα» σου γίνεται τόσο σημαντικό. Όλοι εμείς για να προσαρμοστούμε στην εποχή της άνεσης και να την απολαύσουμε, χρειάζεται να ξεχάσουμε όλους τους παλιούς τρόπους αυταρέσκειας που σχετίζονται με τη δουλειά. Τα λεφτά δεν θα μας αγοράζουν πλέον σεβασμό, χρυσές αλυσίδες και δεν θα εντυπωσιάζουν πια. Η θέση δεν θα έχει πια τον έλεγχο και ακόμα και η ηλικία δε θα έχει εξουσία.

Το τι υπάρχει μέσα σου, αυτό θα είναι που μετράει. Έτσι κι αλλιώς, ένα παιδί δεν ενδιαφέρεται για το τι φοράς, τι θέση έχεις στην ιεραρχία της εταιρίας, ή για το χρώμα του δέρματός σου. Ενδιαφέρονται μόνο για ευγένεια, διασκέδαση και την ικανότητα για παιχνίδι. Αυτά είναι τα προσόντα που πρέπει να έχουμε στον επόμενο αιώνα. Έτσι, όταν τα χρήματα γίνουν περιττά, θα μάθουμε να παίρνουμε την αξία μας από προσωπικά επιτεύγματα όπως το να παράγουμε έργα, να δημιουργούμε μουσική, να παίζουμε, ή οτιδήποτε δίνει ευχαρίστηση στους άλλους. Αντί να υπαγορεύει την κοινωνία μας το κέρδος, ο χρυσός κανόνας θα γίνει το πόση ευχαρίστηση και ικανοποίηση δίνουν οι δραστηριότητές μας στον εαυτό μας και στους άλλους. Αυτός θα είναι ο τρόπος που θα καταξιωνόμαστε και έτσι θα θεμελιωθεί μια κοινωνία βασισμένη στην αγάπη και την υποστήριξη, αντί για το κέρδος και την εκμετάλλευση. Απόλαυση, ανάπτυξη και παιχνίδι θα είναι οι λέξεις της μόδας. Θα χρειαστεί να γυρίσουμε πίσω στην παιδική μας ηλικία και να μάθουμε ξανά πως να απολαμβάνουμε το χρόνο μας παίζοντας, μαθαίνοντας, και ανακαλύπτοντας έτσι όπως κάναμε όταν ήμασταν παιδιά, και πιο πολύ απ όλα, πως να απολαμβάνουμε το χρόνο μας απλά «υπάρχοντας», αντί «φαινομενικά»

23

ή «προσποιούμενοι». Αυτό ίσως να ακούγεται φανερό, αλλά για μερικούς από εμάς, - που η προσωπικότητα μας, βασίζεται στην αγωνία για το τι θα πουν οι άλλοι για μας, αντί στο τι ξέρουμε ότι είμαστε – μπορεί να είναι πολύ τρομακτικό και αντιπροσωπεύει μια δραματική αλλαγή στη σκέψη και απαιτεί την επαναφύπνιση και άσκηση συγκεκριμένων τμημάτων του εγκεφάλου, που έχουν εδώ και καιρό ατροφήσει λόγω μη χρήσης τους και λόγω της καταπιεστικής εκπαίδευσης.

Επίσης, το μυαλό έχει τα δικά του επίπεδα προτεραιότητας. Όπως το εξαιρετικά ευαίσθητο λουλούδι, το έντελβαϊς, ανθίζει μόνον όταν οι συνθήκες είναι κατάλληλες. Όταν απειλείται, το μυαλό αυτόματα μπαίνει σε κατάσταση επιβίωσης και γίνεται μια απειλή το ίδιο. Μόνο όταν αισθάνεται ότι δεν υπάρχει κίνδυνος, ούτε περιορισμός επιλογών, αλλά αντί αυτού άφθονο φαγητό, ασφάλεια, αγάπη και ελευθερία, τότε μόνο μεταστρέφεται στην κατάσταση της αγάπης, της αρμονίας και της δημιουργίας. Και όταν οι εξελίξεις στις τεχνολογίες επιδράσουν στην κοινωνία μας, όπως περιγράφεται σ' αυτό το βιβλίο, τότε οι συνθήκες θα είναι ικανοποιητικές για να αναδυθεί ο Νέος Άνθρωπος.

Για πρώτη φορά στην ιστορία αυτό συμβαίνει παντού σε μικρά χαρούμενα πακέτα. Μετά απ' όλες αυτές τις γενιές, έφτασε επιτέλους η σοδειά. Παιδιά γεννιούνται και μεγαλώνουν σ' αυτή τη νέα ατμόσφαιρα και γίνονται ο Νέος Άνθρωπος. Αν οι προπάτορες τους, που έκτισαν αυτό τον κόσμο είναι η ρίζα και ο κορμός του δέντρου, παραμορφωμένος και λυγισμένος, από τα βάσανα του Παλιού Κόσμου, τότε αυτή η νέα γενιά αντιπροσωπεύει τα λουλούδια που θα γίνουν καρπός. Θα ξέρετε πότε είναι η κατάλληλη στιγμή, όταν τα σύκα θα είναι ώριμα: απλά ταρακουνήστε το δέντρο και θα πέσουν στην ποδιά σας. Και αυτή η στιγμή είναι τώρα. Είμαστε στο χείλος του παραδείσου, μονάχα αν ανοίξουμε τα μάτια

24

μας. Αλλά ακόμα έχουμε το Νέο-Νεάτερνταλ σύστημα αξιών που μας κρατάει πίσω, εμποδίζοντάς μας από το να κάνουμε το τελευταίο πηδηματάκι στο Νησί του Θησαυρού. Αυτό το βιβλίο, είναι το κλειδί που θα μας βοηθήσει να ξεκλειδώσουμε τις αλυσίδες μας και να εισέλθουμε στη χρυσή εποχή. Σε αυτό, ο Ραέλ αγγίζει όλα τα αμφιλεγόμενα και επίκαιρα θέματα του σήμερα και τα αναλύει πλήρως, σαν ένα λαμπερό χειρουργικό λέιζερ, πάνω στις ασυνέπειες και τους φόβους που επιβραδύνουν την πρόοδο μας, χρησιμοποιώντας την δική του απλή λογική του και διαφωτιστική καθαρότητα, για να θρυμματίσει τις αλυσίδες που μας κρατούν πίσω. Φυσικά, συχνά είναι τρομακτικό όταν χάνουμε την ασφάλεια των δεσμών μας και ανακτούμε την ελευθερία μας, γιατί ξαφνικά, δεν έχουμε πια δικαιολογίες για να μην πετάξουμε. Αλλά τώρα είναι η ώρα και αυτό το βιβλίο μας δίνει τη μικρή ώθηση που χρειαζόμαστε για να κάνουμε το μεγάλο άλμα μπροστά. Αντιπροσωπεύει το νέο χάρτη της ανθρωπότητας για να πλεύσει στο μέλλον της και να φτάσει στο Νησί του Θησαυρού μαζί, να εκπληρώσει επιτέλους τις παμπάλαιες ελπίδες και προσδοκίες τόσων ανθρώπων που πέθαναν προ πολλού, της επανάκτησης του παραδείσου.

Δρ. Μάρκους Βέννερ
Ψυχονευροανοσολόγος
Τόκυο 2000

Εισαγωγικό σημείωμα από τον Ντανιέλ Σαμπό

Καθηγητή ψυχολογίας, Μοντρεάλ

ΕΝΑΣ ΠΡΟΦΗΤΗΣ ΣΤΗΝ ΕΠΟΧΗ ΤΗΣ ΕΠΙΣΤΗΜΗΣ

Θυμάμαι τον Ιούλη του 1969. Ερχόμουν σπίτι για να παρακολουθήσω τα αγαπημένα τηλεοπτικά μου προγράμματα. Αλλά την ημέρα εκείνη και τις μέρες που θα ακολουθούσαν, όλα τα προγράμματα της τηλεόρασης είχαν τροποποιηθεί. Τα μάτια ολόκληρου του πλανήτη ήταν στραμμένα στο διάστημα. Με τα μάτια ενός γοητευμένου παιδιού, μπορούσα να δω στην οθόνη της τηλεόρασής μου, τις ζωντανές εικόνες της πραγματοποίησης ενός από τα πιο παλιά όνειρα του ανθρώπου: να περπατήσει στο φεγγάρι. Ήμουν 12 χρονών τότε, και κοιτώντας το φεγγάρι τη νύκτα, ίσα που αντιλαμβανόμουν ότι ανθρώπινα όντα από τον πλανήτη μου περπατούσαν σ' αυτή τη μικρή φωτεινή μπάλα ενώ εγώ την παρατηρούσα προσηλωμένος. Μέχρι εκείνη τη μέρα, δεν είχα συνειδητοποιήσει ότι προοδευτικά εισερχόμασταν σε μια νέα εποχή, μια εποχή που η επιστήμη και η τεχνολογία θα έφερναν την επανάσταση σ' όλους τους τομείς της ζωής μας. Και αυτό ήταν μόνο η αρχή!

Ζούμε σε μια ασυνήθιστη εποχή. Ποτέ πριν μια γενιά ανθρώπων δεν έζησε τόσες πολλές αλλαγές, σε τόσο μικρό χρονικό διάστημα. Για χρόνια οι πρόγονοί μας ζούσαν την ίδια πραγματικότητα γενιά προς γενιά. Οι γονείς μπορεί να πίστευαν ότι τα παιδιά που έφεραν στον κόσμο θα είχαν μια ζωή παρόμοια με τη δική τους. Αλλά σήμερα, τα πράγματα είναι εντελώς διαφορετικά. Σήμερα, οι γονείς δεν έχουν ιδέα τι θα περάσουν τα παιδιά τους. Με δυσκολία μπορούν να φανταστούν τι είδους μέλλον θα γνωρίσουν, γιατί όλα αλλάζουν τόσο γρήγορα, και εξελίσσονται με συνεχώς αυξανόμενη ταχύτητα. Τα παιδιά σήμερα είναι περιτριγυρισμένα από εξελιγμένη τεχνολογία όπως το Ίντερνετ, τα ηλεκτρονικά παιχνίδια, και η ψηφιακή τηλεόραση. Ένα παιδί δύσκολα μπορεί να συλλάβει ότι ο παππούς του κάποτε καβαλούσε άλογα αντί να οδηγεί αυτοκίνητα, ότι δεν είχε ηλεκτρισμό, και ότι κάθε χρόνο θα μπορούσε να πεθάνει από ένα κρυολόγημα που κόλλησε τον Γενάρη. Αλλά όπως ακριβώς ο παππούς του, αυτό το παιδί δεν έχει δει τίποτε ακόμη. Όπως συνέβη σε μένα το 1969, ένα επιστημονικό γεγονός θα το εκπλήξει ίσως πιο πολύ από όλα τα άλλα, κάνοντάς το να αντιληφθεί ότι ζει σ' ένα αδιάκοπα εξελισσόμενο τεχνολογικό και επιστημονικό σύμπαν.

Χωρίς αμφιβολία, η ψηφιακή τηλεόραση, το διαδίκτυο και τα βιντεοπαιχνίδια αποτελούν ένα τεχνολογικό περιβάλλον που συνεισφέρει στην αλλαγή του τρόπου που ζούμε και σκεπτόμαστε. Ωστόσο, αυτό δεν είναι τίποτα μπροστά στην βιολογική επανάσταση που μας περιμένει στη γωνία, μαζί με την πληθώρα ερωτημάτων που αυτή η επανάσταση θα εγείρει. Αν χρειαζόμαστε πειστικά στοιχεία, αρκεί μόνο να δούμε την έντονη αντιπαράθεση που ξεσήκωσε η ανακοίνωση της κλωνοποίησης της Ντόλλυ, του προβάτου, το 1997 από την σκοτσέζικη ομάδα εμβρυολόγων με επικεφαλή τον Δρ. Ίαν Βιλμούτ, για να μην αναφέρουμε την τρέχουσα διαμάχη γύρω από την ανθρώπινη κλωνοποίηση.

Πρόσφατα, μιλούσα με μια συμπαθητική κυρία που άφησε το επάγγελμά της ως νοσοκόμα για να αφιερώσει τον εαυτό της στις «εναλλακτικές» θεραπείες της φυσικής φαρμακευτικής. Όπως για πολλούς ανθρώπους, η αλλαγή στην καριέρα της συνοδεύτηκε από πολύ κριτική άποψη για την επιστήμη γενικά και την ιατρική επιστήμη πιο ειδικά. Κατά τη διάρκεια της συνομιλίας μας, ανέφερα τα εξαιρετικά οφέλη της ανθρώπινης κλωνοποίησης για το μέλλον. Η κυρία έγειρε μπροστά και μου είπε: «Είμαι εναντίον της κλωνοποίησης... ελπίζω να μην συμβεί ποτέ». Η συμπεριφορά αυτής της κυρίας δεν με εκπλήσσει. Αντικατοπτρίζει χαρακτηριστικά τη νοοτροπία ενός μεγάλου αριθμού ανθρώπων που, όταν βρεθούν μπροστά σε ασυνήθιστες επιστημονικές και τεχνολογικές καινοτομίες, προσεγγίζουν το θέμα είτε υπέρ είτε κατά, λες και πρόκειται για θέμα γνώμης. Ας αναγνωρίσουμε, χωρίς να επεκταθούμε στο θέμα, ότι τα ΜΜΕ χειρίζονται τα επιστημονικά νέα όπως χειρίζονται όλα τα άλλα νέα δηλαδή σαν να πρόκειται για ζήτημα ντιμπέιτ ! Δυστυχώς, αυτό που δεν έχουν καταλάβει είναι ότι η επιστήμη και η τεχνολογία δεν έχουν τίποτε να κάνουν με τις δημόσιες αντιπαραθέσεις . Η ιστορία της πολύ νεαρής, αλλά πολύ πλούσιας, επιστημονικής εποχής μας, καθαρά αποδεικνύει ότι οι αντιπαραθέσεις γνωμών, ποτέ δεν σταμάτησαν τις επιστημονικές και τεχνολογικές αλλαγές.

Καθώς συζητούσαμε για το αν θα είμαστε υπέρ ή κατά του ηλεκτρισμού, των αυτοκινήτων, του διαδικτύου ή της τεχνητής γονιμοποίησης, οι επιστήμονες ανέπτυσσαν, πρόοδευαν, δοκίμαζαν, τελειοποιούσαν και βελτίωναν τις τεχνικές τους, μέχρι που τελικά συνειδητοποιήσαμε, ότι αυτά τα τεχνολογικά επιτεύγματα ήταν αναπόσπαστο μέρος της καθημερινότητάς μας και ότι είμαστε καλύτερα τώρα που τα έχουμε. Και ακόμη καλύτερα, τώρα αναρωτιόμαστε πως καταφέρναμε και ζούσαμε χωρίς αυτά.

Έτσι, πρότεινα σ' αυτή την συμπαθητική κυρία να δει τα πράγματα διαφορετικά. Πρώτα, την ρώτησα εάν πίστευε ότι θα γίνει η κλωνοποίηση, ανεξάρτητα από το αν εκείνη ήταν υπέρ ή εναντίον. Μου απάντησε ναι. Έτσι, της πρότεινα ν' αλλάξει την στάση της, εφόσον δεν θα άλλαζε κάτι, αφού είτε εκείνη είναι υπέρ είτε κατά, η ανθρώπινη κλωνοποίηση σύντομα θα ήταν μια κανονική και συνηθισμένη πραγματικότητα.

Όμως, για ν' αλλάξουμε την αντίληψη και τη συμπεριφορά μας απέναντι στην επιστημονική και τεχνολογική επανάσταση που συμβαίνει στις μέρες μας, χρειαζόμαστε να αντικρίσουμε διαφορετικά τη ζωή, ένα νέο όραμα για τον κόσμο και την ύπαρξή του. Χρειάζεται να αντιληφθούμε ότι η επιστήμη δεν είναι μια ανθρώπινη πρακτική. Η επιστήμη είναι ο άνθρωπος. Το να είμαστε υπέρ ή κατά της επιστημονικής εξέλιξης, σε οποιαδήποτε μορφή, είναι το ίδιο ανόητο με το να ρωτάμε τους εαυτούς μας αν είμαστε υπέρ ή κατά της ενηλικίωσης των παιδιών. Είναι αδιαμφισβήτητο. Τα παιδιά μεγαλώνουν και η επιστήμη εξελίσσεται. Είναι ένα ανθρώπινο δεδομένο. Ωστόσο, τα παιδιά διδάσκουν τον εαυτό τους και το ίδιο και η επιστήμη. Έτσι, αντί να συζητούμε μάταια για το αν είμαστε υπέρ ή κατά αυτής ή εκείνης της επιστημονικής και τεχνολογικής καινοτομίας, ας δούμε τι μπορούμε να κάνουμε μ' αυτή, πως να την εντάξουμε στη ζωή μας και πως να επωφεληθούμε από τα προτερήματά της εμείς και οι μελλοντικές γενιές. Για να συμβεί αυτό, χρειαζόμαστε αναφορές στο μέλλον και όχι στο παρελθόν. Η εξέταση του παρελθόντος μας δείχνει πως το παρόν και το μέλλον δεν έχουν τίποτα κοινό. Έτσι, μια προβολή του παρελθόντος μέσα στο μέλλον είναι αδύνατη, έτσι όπως το να περπατούμε κοιτώντας πίσω μας δεν μας δίνει καμία ένδειξη για την κατεύθυνση του δρόμου μπροστά μας. Λοιπόν, που είναι οι αναφορές του μέλλοντος; Εκεί ακριβώς είναι που υπεισέρχεται ο Ραέλ και η φιλοσοφία που φέρνει.

Στο βιβλίο «Το Μήνυμα που μου Δόθηκε από τους

ναι στην ανθρώπινη κλωνοποίηση

Εξωγήινους», που γράφτηκε το 1973, ο Ραέλ εξηγεί τις επιστημονικές μας καταβολές. Όχι πια Θεός, όχι πια μυστικισμός, αλλά αντ' αυτού μια επιστημονική ιστορία που μας λέει ότι επιστημονικά προηγμένα Όντα από το διάστημα δημιούργησαν τη ζωή στη Γη. Εξηγεί ότι είμαστε δημιουργημένοι κατ' εικόνα τους, και ότι μια μέρα θα κάνουμε και εμείς το ίδιο. Αξιοσημείωτα, η κλωνοποίηση αποκαλύπτεται σαν το μυστικό της αιώνιας ζωής, ότι η διάρκεια της ζωής του ανθρώπου μπορεί να πολλαπλασιαστεί επί 10, ότι η μάθηση μπορεί να γίνει χημικά, κ.τ.λ. Όλα αυτά είναι πράγματα που έχουμε πρόσφατα αρχίσει να κατορθώνουμε, και τα οποία προοδεύουν με ιλιγγιώδη ταχύτητα.

Το 1975, ο Ραέλ πήγε στον πλανήτη των Ελοχείμ, των δημιουργών μας, και έζησε εκπληκτικά πράγματα. Επίσης έλαβε μια διδασκαλία προορισμένη να μας επιτρέπει να ανθίζουμε στην απόλαυση. Επιπρόσθετα, είναι γραμμένο πολλές φορές το ότι η επιστήμη θα επιβεβαιώσει αυτά που λέει. Χρόνο με το χρόνο, επιστημονικές ανακαλύψεις επιβεβαιώνουν αυτό που είναι καταγραμμένο στα βιβλία του που γράφτηκαν 27, 25, και 21 χρόνια πριν, αντίστοιχα.

Ο ρόλος του γίνεται πιο θεμελιώδης, ωστόσο, όταν ενώνει την επιστήμη και την θρησκεία. Ενώ θρησκευτικοί ηγέτες, όπως ο Πάπας, καταδικάζουν την έκτρωση, την αντισύλληψη, και την ομοφυλοφιλία και φυσικά τον γενετικό χειρισμό, την κλωνοποίηση και την επιστημονική δημιουργία της ζωής, ο Ραέλ επαναλαμβάνει ότι αυτή είναι μόνο η αρχή, και ότι θα γνωρίσουμε αλλαγές που πολύ λίγοι άνθρωποι μπορούν να συλλάβουν, χάρη στην επιστήμη. Χάρη σε μια πρωτοποριακή φιλοσοφία και πνευματικότητα, ο Ραέλ διαχύνει ένα αισιόδοξο φως στην επιστήμη για μας και μας επιτρέπει να ρίξουμε μια γρήγορη ματιά στο συναρπαστικό μέλλον.

Το 1969 όταν ο Νήλ Άρμστρονγκ πάτησε στο φεγγάρι

είπε: «Ένα μικρό βήμα για τον άνθρωπο, ένα γιγαντιαίο άλμα για την ανθρωπότητα!». Όλες οι επιστημονικές «προφητείες» που έγιναν από τον Ραέλ σε αυτό το βιβλίο αναγγέλλουν τα γιγαντιαία άλματα που θα κάνει σύντομα η ανθρωπότητα, και τα οποία θα βελτιώσουν την ποιότητα της ζωής μας. Γι' αυτό, αντί να ρωτάς τον εαυτό σου αν είσαι υπέρ ή ενάντια σε αυτά που θα διαβάσεις στις σελίδες που ακολουθούν, τα οποία θα συμβούν ανεξαρτήτως της γνώμης σου, ρώτησε τον εαυτό σου γιατί συμβαίνουν όλα αυτά, και αναρωτήσου σχετικά με το γεγονός ότι ο Ραέλ είναι ο μόνος θρησκευτικός ηγέτης, που μιλά για την επιστήμη με αυτό τον τρόπο.

Ντανιέλ Σαμπό
3 Δεκεμβρίου 2000

ΑΝΘΡΩΠΙΝΗ ΚΛΩΝΟΠΟΙΗΣΗ: ΠΡΟΣΒΑΣΗ ΣΤΗΝ ΑΙΩΝΙΑ ΖΩΗ

Η ανθρώπινη κλωνοποίηση είναι μόλις στη νηπιακή της ηλικία. Για την ώρα, το κλωνοποιημένο κύτταρο πρέπει πρώτα να φέρεται από μια μητέρα-ξενιστή, μετά να περάσει τους συνηθισμένους εννιά μήνες της κύησης για να εξελιχθεί σε μωρό, και πρέπει ακολούθως να μεγαλώσει με το συνηθισμένο τρόπο.

Δεν υπάρχει κάτι το εξαιρετικό σ' αυτό. Για την ακρίβεια είναι το ίδιο σα να έχεις ένα δίδυμο αδελφό ή αδελφή μόνο που γεννήθηκε μερικά χρόνια μετά από εσένα. Όταν παρθεί ένα δείγμα από το γενετικό σου κώδικα και εισαχθεί στο ωάριο, απλά δημιουργεί ένα δίδυμο.

Φυσικά, αυτό το δίδυμο ομοίωμα θα είχε μια εντελώς διαφορετική εκπαίδευση και διαφορετικές εμπειρίες ζωής από εσένα και έτσι θα ανέπτυσσε μια διαφορετική προσωπικότητα. Αν ο κλωνοποιημένο δίδυμός σου τοποθετούνταν από τη γέννησή του σε μια οικογένεια Κινέζων προφανώς θα μιλούσε Κινέζικα αντί για Ελληνικά καθώς θα μεγάλωνε και θα ήταν ικανός να χειρίζεται τα ξυλάκια του φαγητού πολύ καλύτερα από εσένα, όταν θα έτρωγε το ρύζι του!

Ωστόσο, έρευνα που έγινε σε δίδυμους που χωρίστηκαν στη γέννα, έχει αποδείξει ότι ακόμη διατηρούν την ίδια βασική προσωπικότητα παρόλο που οι λεπτομέρειες ίσως διαφέρουν. Έχουν τα ίδια γούστα σε φαγητά, βιβλία, χρώματα, ακόμη και συντρόφους! Αυτή η έρευνα επιβεβαιώνει τις επιστημονικές ανακαλύψεις που θα συζητηθούν αργότερα και δείχνουν πως η προσωπικότητα και η νοημοσύνη είναι γενετικά προσδιορισμένες.

Στο επόμενο βήμα, στο Δεύτερο Στάδιο, θα χρησιμοποιείται μια τεχνολογία που ονομάζεται επισπευσμένη διαδικασία ανάπτυξης, (agp) που θα να κλωνοποιεί ανθρώπους άμεσα στην ενηλικίωση. Θα φτάνουν αμέσως στο ανάλογο της ηλικίας ανάμεσα στα 15 με 17 χρόνια, τότε που οι φυσικές τους ικανότητες είναι στα μέγιστα επίπεδα.

Αυτοί οι κλώνοι είναι απλά φυσικά αντίγραφα. Όπως το hardware των Η/Υ, ή οι άγραφες κασέτες δεν έχουν μνήμη ή προσωπικότητα.

Είδα τους Ελοχείμ να τοποθετούν ένα κύτταρο που πήραν από το μέτωπό μου μέσα σε μια τεράστια μηχανή που έμοιαζε με ενυδρείο (βλέπε «Ευφυής Σχεδιασμός-Μήνυμα από του Σχεδιαστές»), και μετά παρακολούθησα ένα τέλειο αντίγραφο του εαυτού μου να μεγαλώνει μέσα σε λίγα δευτερόλεπτα.

Το Τρίτο Στάδιο προϋποθέτει μια τεχνολογία που είναι ήδη σε εξέλιξη στην Ιαπωνία που θα μας επιτρέπει να κατεβάζουμε (download) ανθρώπινη μνήμη και προσωπικότητα σ' έναν Η/Υ.

Κι έτσι θα μπορούσαμε να συνεχίσουμε να υπάρχουμε και να επικοινωνούμε με το περιβάλλον μας επ' αόριστον μέσα σ' έναν Η/Υ αφού το φυσικό μας σώμα πεθάνει, ειδικά αν αυτός ο Η/Υ είναι εξοπλισμένος με αισθητήρες όπως κάμερες και μικρόφωνα. Θα μπορούμε ακόμη και να μιλάμε με τους φίλους μας μέσω μεγαφώνων (loudspeakers), ν' αναγνωρίζουμε τους παλιούς συμμαθητές μας και ν' αναπολούμε τους παλιούς καιρούς. Θα μπορούσαμε ακόμη και να παίζουμε μαζί τους σ' έναν εικονικό (virtual) κόσμο.

Ακόμα μπορεί να θελήσουμε προσωρινά να κατέβουμε ή μάλλον να ανέβουμε σ' έναν Η/Υ (download / upload) μόνο και μόνο για ν' αποκτήσουμε γνώση ή να μάθουμε κάτι σ' έναν εικονικό (virtual) χώρο εκπαίδευσης, έτσι ώστε όταν ο Η/Υ μας φορτώσει πίσω στο αρχικό μας σώμα, να διατηρούμε την πρόσθετη δεξιότητα ή πληροφορία.

Ωστόσο, στην περίπτωση του Τρίτου Σταδίου της κλωνοποίησης, αντί να κατεβάζουμε την προσωπικότητά μας και τη μνήμη μας σ' έναν Η/Υ θα μεταφέρονται κατευθείαν μέσα στο νεανικό σώμα που μόλις κλωνοποιήσαμε από τον εαυτό μας. Είναι απλά θέμα του να τοποθετήσουμε το λογισμικό (software) μέσα στο υλικό (hardware), και μετά θα ξυπνήσουμε σε ένα νέο σώμα με όλες τις μνήμες και την προσωπικότητά μας άθικτες, έτοιμοι να ζήσουμε ακόμα ένα κύκλο ζωής. Αυτή η διαδικασία μπορεί να επαναλαμβάνεται επ' άπειρον, μεταφέροντας από το ένα κλωνοποιημένο σώμα του εαυτού μας στο άλλο νέο κλωνοποιημένο σώμα.

Αυτός είναι ο τρόπος με τον οποίο οι Ελοχείμ ζουν για πάντα. Να γιατί η κλωνοποίηση είναι το κλειδί της αιώνιας ζωής. Τα επιχειρήματα αυτών που αντιτίθενται στην ανθρώπινη κλωνοποίηση είναι απίστευτα βλακώδη. Ας αναλύσουμε αυτά τα επιχειρήματα.

1. «Η κλωνοποίηση του ανθρώπου θα επιδεινώσει το πρόβλημα του υπερπληθυσμού»

Η πραγματικότητα είναι, αν δούμε τον αριθμό των ανθρώπων που ήρθαν σε επαφή με την Clonaid, ότι υπάρχουν μόνο 10,000 δυνητικοί πελάτες στο κόσμο, οι περισσότεροι από τους οποίους είναι οικογένειες με προβλήματα γονιμότητας που δεν ανταποκρίνονται καλά σε άλλες θεραπείες.

σης, θα πρέπει να σημειωθεί ότι περισσότερα από 14,000 βρέφη συλλαμβάνονται με φυσικό τρόπο κάθε ώρα, που σημαίνει ότι ο *πληθυσμός αυξάνεται ετησίως, με περισσότερα από 120 εκατομμύρια άτομα!* Τι διαφορά θα κάνουν τα επιπλέον 10,000 μωρά που θα παραχθούν από την κλωνοποίηση, δηλαδή το 0.001 της εκατό του ετήσιου ρυθμού γεννήσεων, όταν ο φυσικός ρυθμός γεννήσεων είναι ήδη εκτός ελέγχου; Αν κάποιος πραγματικά θέλει να λύσει το πρόβλημα του υπερπληθυσμού, θα πρέπει να αρχίσει με την επιβολή ορίου στον αριθμό παιδιών ανά οικογένεια, όπως οι Κινέζοι πολύ σοφά έπραξαν. Αν κάθε άτομο περιοριστεί σε ένα μόνο παιδί, τότε ο πληθυσμός θα σταθεροποιηθεί. Η ειρωνεία είναι ότι ο Πάπας συνεχίζει να καταδικάζει την αντισύλληψη και την έκτρωση, και μ' αυτή του τη στάση, είναι πολύ πιο υπεύθυνος για τον υπερπληθυσμό απ όσο θα μπορούσαν να είναι αυτά τα 10,000 κλωνοποιημένα βρέφη. Πώς μπορούμε να αρνηθούμε σε μια στείρα οικογένεια το δικαίωμα του να έχει ένα παιδί, ενόσω επιτρέπουμε στις καθολικές οικογένειες να έχουν περισσότερα από δέκα; Αυτά είναι τα πραγματικά αίτια του υπερπληθυσμού, όχι η κλωνοποίηση!

2. «Η ανθρώπινη κλωνοποίηση ελαττώνει την βιο-ποικιλότητα»

Με ένα σύνολο έξι δισεκατομμυρίων ανθρώπων να συνεχίζουν να κάνουν παιδιά με φυσικό τρόπο, οι 10,000 στείρες οικογένειες που θα φέρουν στον κόσμο από ένα παιδί δε θα προκαλέσουν ελάττωση στην βιο-ποικιλότητα. Όλα τα μη στείρα ζευγάρια στον κόσμο, που είναι σχεδόν το σύνολο του παγκόσμιου πληθυσμού, θα συνεχίσουν να κάνουν έρωτα και να συλλαμβάνουν παιδιά με τον παραδοσιακό τρόπο.

Επίσης, αν συνεχίζαμε με αυτήν την ίδια διεστραμμένη λογική υποστηρίζοντας ότι προστατεύουμε την βιο-ποικιλότητα, δε θα έπρεπε να αναγκάσουμε όλες τις μητέρες που φέρουν δίδυμα ή τρίδυμα να κάνουν έκτρωση; Πρόσφατα, μια γυναίκα στην Ιταλία γέννησε οκτάδυμα – οκτώ γενετικά πανομοιότυπα παιδιά – και όλοι γιορτάζουν! Αν όμως είχαν γεννηθεί από κλωνοποίηση, όλοι θα έπιαναν τα όπλα! Γιατί έχουμε δύο μέτρα και δύο σταθμά; Γιατί τα παιδιά που η σύλληψή τους ήταν αποτέλεσμα τυχαίας επιλογής, αξίζουν περισσότερο σεβασμό από τα παιδιά που η σύλληψή τους προγραμματίστηκε επιστημονικά;

Και έχοντας ειπωθεί αυτό, είναι επιθυμητό να περιορίσουμε τον αριθμό των ανθρώπων με τον ίδιο γεννητικό κώδικα. Ένας σοφός κανόνας για την διατήρηση της βιο-ποικιλότητας, είναι να περιορίσουμε τον αριθμό ατόμων του ίδιου «μοντέλου» που ζουν την ίδια εποχή σε ένα, με ανώτατο όριο τα δύο, όπως με τα δίδυμα. Αυτό είναι που κάνουν οι Ελοχείμ.

Αλλά, ένας τέτοιος κανόνας πρέπει επίσης να εφαρμόζεται στις πολλαπλές γέννες – όλες!

Αν θα ήταν παράνομο να έχουμε περισσότερα από ένα άτομα του ίδιου γενετικού μοντέλου, τότε αυτό θα σήμαινε ότι και οι δίδυμοι θα έπρεπε να είναι παράνομοι, και οι μητέρες τους θα έπρεπε να αναγκαστούν σε έκτρωση του ενός από τους δύο! Αν δεχόμαστε δίδυμους που γεννιούνται φυσικά, τότε πρέπει να δεχτούμε και τους δίδυμους που γεννιούνται με κλωνοποίηση. Δεν μπορούν να υπάρχουν δύο μέτρα και δύο σταθμά.

Ακόμη και αν δεχτούμε τους διδύμους, η ίδια ερώτηση θα δημιουργηθεί για τα τρίδυμα, τα τετράδυμα και τις άλλες πολλαπλές γέννες, και θα έπρεπε να επιβάλουμε έκτρωση σε όλα τα επιπλέον παιδιά! Εναλλακτικά, θα μπορούσαμε να περιορίσουμε την κλωνοποίηση στον ίδιο αριθμό που επιτρέπεται για τους «φυσικούς» διδύμους, ας πούμε οκτώ, που φαίνονται μάλλον πολλοί. Πάντως, το θέμα είναι ότι οποιοσδήποτε κανόνας περιορίζει τον αριθμό των παιδιών που συλλαμβάνονται με κλωνοποίηση θα πρέπει επίσης να ισχύει και για τα παιδιά που συλλαμβάνονται φυσικά. Διαφορετικά, κάνουμε διακρίσεις.

3. «Η κλωνοποίηση θα δημιουργήσει τέρατα»

Τα κλωνοποιημένα παιδιά θα παρακολουθούνται πιο αυστηρά, αρχίζοντας από τη σύλληψή τους, από οποιοδήποτε άλλο παιδί στην ιστορία. Η σύγχρονη γενετική ιατρική μας επιτρέπει στις πρώτες εβδομάδες που ακολουθούν τη σύλληψη να βεβαιωθούμε ότι το έμβρυο δεν έχει κάποια ανωμαλία.

Υπάρχουν τέρατα που γεννιούνται κάθε μέρα τα οποία έχουν συλληφθεί με «φυσικό»τρόπο, αλλά κανένας μέχρι τώρα δεν εξέφρασε αντιρρήσεις για την σεξουαλική αναπαραγωγή. Μια πρόσφατη περίπτωση με συνενωμένα δίδυμα, δημιούργησε αναταραχή όταν το ένα έπρεπε να θυσιαστεί για να μην πεθάνουν και τα δύο. Στο τέλος, το σύστημα δικαιοσύνης απέρριψε την επιθυμία των γονιών «ας αποφασίσει ο θεός» και αποφάσισε ότι ένα από τα δίδυμα θα έπρεπε να θυσιαστεί για να μπορέσει να επιβιώσει το άλλο.

Αν αυτά τα συνενωμένα δίδυμα, κολλημένα στη μέση, γεννιόντουσαν από κλωνοποίηση, όλος ο κόσμος θα βιάζονταν να πει: «Κοιτάξτε τα τέρατα που δημιουργήθηκαν από αυτή την τεχνική», ειδικά αν το ένα έπρεπε να θανατωθεί για να επιζήσει το άλλο. Αλλά, επειδή αυτές οι συνενωμένες αδελφές γεννήθηκαν με φυσικό τρόπο, δεν κουνήθηκε φύλλο.

Επίσης, αφού μιλάμε για τέρατα, είναι ενδιαφέρον να σημειώσουμε ότι ούτε ο Αδόλφος Χίτλερ ούτε ο Ιωσήφ Στάλιν, για να αναφέρουμε μόνο μερικούς, συλλήφθηκαν με κλωνοποίηση.

4. «Όποιο παιδί κλωνοποιηθεί από ένα άτομο που πέθανε σε δυστύχημα δεν έχει ελπίδες να είναι ευτυχισμένο, επειδή θα μεγαλώσει ξέροντας ότι συλλήφθηκε για ν' αντικαταστήσει κάποιον άλλο»

Αν ένα παιδί μεγαλώσει σωστά, θα μάθει ότι η ευτυχία του εξαρτάται από την αγάπη του για τον εαυτό του παρά από την αγάπη από τους άλλους. Πόσα ζευγάρια συνέλαβαν ένα νέο παιδί με φυσικούς τρόπους, αμέσως μετά από το θάνατο του προηγούμενού τους παιδιού; Κι όμως κανένας δεν αμφιβάλλει για την ικανότητα του νέου παιδιού για ευτυχία, απλά επειδή γεννήθηκε μετά από το θάνατο του/ της αδελφού/ ής του.

Από την άλλη μεριά, υπάρχουν πολλά παιδιά που είχαν γονείς που τα κακοποιούσαν, ή που μεγάλωσαν χωρίς αγάπη, και τα οποία έγιναν υπέροχοι άνθρωποι με ισορροπημένες και αρμονικές ζωές. Αντιστρόφως, υπάρχουν πολλά παιδιά που μεγάλωσαν περιτριγυρισμένα με αγάπη, και που τώρα παίρνουν ναρκωτικά, έγιναν εγκληματίες, ή αυτοκτόνησαν. Δεν παίζει κανένα ρόλο ο τρόπος με τον οποίο συλλήφθηκαν. Ο Χίτλερ, ο Στάλιν, και ο Ναπολέων, φαίνεται να είχαν πολύ ευτυχισμένα παιδικά χρόνια, λαμβάνοντας πολλή αγάπη από τους γονείς τους.

Έχουμε επιλογή όταν μεγαλώνουμε αυτά τα κλωνοποιημένα παιδιά. Είτε τους λέμε την αλήθεια, είτε όχι. Πολλά «κανονικά» παιδιά μεγαλώνουν σε οικογένειες που η μητέρα ή ο πατέρας δεν είναι οι γενετικοί τους γονείς. Σε περιπτώσεις υιοθεσίας, κανένας γονιός δεν είναι ο βιολογικός γονιός του παιδιού. Μερικοί γονείς λένε την αλήθεια στο παιδί τους, μερικοί όχι, ειδικά αν υιοθετήθηκε σε νεαρή ηλικία. Έτσι ή αλλιώς, το αίσθημα είναι ομόφωνο στα υιοθετημένα παιδιά: αυτό που μετρά περισσότερο είναι όχι ποιοι είναι οι βιολογικοί τους γονείς, αλλά ποιοι τους έδωσαν αγάπη. Κι ενώ μερικοί μπορεί να είναι ευτυχισμένοι όταν ξαναενώνονται με τους «γενετικούς»τους γονείς, ποτέ δεν σταματούν να θεωρούν αυτούς που τους υιοθέτησαν σαν την πραγματική τους οικογένεια. Αυτό είναι η αγάπη.

5. «Αν νομιμοποιηθεί, η ανθρώπινη κλωνοποίηση θα επιτρέψει σε κυβερνήσεις να δημιουργήσουν πανίσχυρους στρατούς από κλωνοποιημένους πολεμιστές»

Αν οι άνθρωποι ακόμη πιστεύουν τέτοιες ανοησίες, τότε αποδεικνύεται ότι έχουν ένα εγκέφαλο του εικοστού αιώνα, με άλλα λόγια, έναν προϊστορικό εγκέφαλο. Οι μοντέρνες συγκρούσεις, από το Ιράκ στο Κόσοβο, έχουν αποδείξει πως ακόμη και εκατοντάδες χιλιάδες καλά εκπαιδευμένοι άντρες είναι αδύναμοι μπροστά στην σύγχρονη τεχνολογία. Αυτή η τεχνολογία επέτρεψε στις Η.Π.Α., ηγουμένων μιας συμμαχίας από διεθνείς δυνάμεις να συντρίψουν τους εχθρούς τους χωρίς την ανάγκη να στείλουν έστω και ένα στρατιώτη σε μάχη εδάφους. Ουσιαστικά κανένας Αμερικανός στρατιώτης δεν σκοτώθηκε σε μάχη σ' αυτές τις συγκρούσεις, συγκριτικά με τις πολλές χιλιάδες απώλειες ανάμεσα στους εχθρούς τους. Πρέπει επίσης να σημειωθεί ότι δεν υπάρχει υποχρεωτική στρατιωτική θητεία στις Η.Π.Α., ενώ υπάρχει στο Ιράκ και τη Σερβία, και μάλιστα για πολύ μακροχρόνιες περιόδους. Κι όμως, δεν μπορούν ούτε να αγγίξουν το Αμερικανικό αθόρυβο αεροσκάφος (stealth) που ξεφεύγει των συστημάτων ανίχνευσης, και πυραύλους που καθοδηγούνται προς τους στόχους τους με ακρίβεια χιλιοστού.

Αφού αυτή η τεχνολογία απαιτεί όχι περισσότερους από 1,000 Αμερικανούς πιλότους για να εξολοθρεύσουν εκατομμύρια συμβατικούς στρατιώτες εδάφους, η ιδέα να κλωνοποιηθούν στρατιώτες για το σκοπό της δημιουργίας πανίσχυρων στρατιών, θα ήταν εντελώς χάσιμο χρόνου.

6. «Τα κλωνοποιημένα παιδιά θα έχουν περιορισμένη διάρκεια ζωής»

Μερικοί άνθρωποι ακόμη λανθασμένα πιστεύουν ότι αν χρησιμοποιήσουμε τα κύτταρα ενός εβδομηντάχρονου στη διαδικασία της κλωνοποίησης, θα έχουμε σαν αποτέλεσμα ένα παιδί που τα κύτταρά του θα είναι εβδομήντα χρόνων. Αυτή η θεωρία είναι εσφαλμένη. Αλλά, ακόμη κι αν ήταν σωστή, αυτό δεν θα ήταν πρόβλημα για την κλωνοποίηση ενός βρέφους δέκα μηνών, καθώς δέκα μήνες λιγότεροι σε μια ζωή αναμενόμενης διάρκειας ογδονταπέντε χρόνων είναι αμελητέοι.

Μετά από τη γέννηση της Ντόλλυ, η φασαρία γινόταν για τα βραχύτερα τελομερή που θα μπορούσαν να έχουν σαν αποτέλεσμα την πρόωρη γήρανση των κλώνων. Μετά από λίγο καιρό, παρ όλα αυτά, παρατηρήθηκε ότι η Ντόλλυ ήταν ακόμη ζωντανή, μπορούσε να αναπαραχθεί κανονικά, και είχε αναμενόμενη διάρκεια ζωής όπως κάθε πρόβατο στην ηλικία της. Μεταγενέστερα πειράματα κλωνοποίησης, απέδειξαν ότι οι κλώνοι δεν παρουσιάζουν διαφορές στο μήκος των τελομερών. Επιπλέον, μια πρόσφατη μελέτη στο Πανεπιστήμιο της Χαβάη ανακάλυψε ότι ακόμη και μετά την έβδομη γενιά, όχι μόνο δεν υπάρχει βράχυνση των τελομερών του κλώνου, αλλά σε μερικές περιπτώσεις, που οι επιστήμονες ακόμη δεν μπορούν να εξηγήσουν, μερικά κύτταρα εμφανίζονται νεότερα από ότι έπρεπε να ήταν! Πραγματικά, είμαστε πολύ κοντά στο μυστικό της αιώνιας ζωής!

7. «Η κλωνοποίηση δεν είναι φυσική»

Αν ο κλωνοποίηση δεν είναι φυσική, τότε δεν είναι ούτε και τα αντιβιοτικά, οι ανανήψεις της καρδίας, οι μεταμοσχεύσεις, οι μεταγγίσεις αίματος, ή ακόμη και τα σφραγίσματα των δοντιών, για να μην αναφέρουμε τις αμέτρητες ιατρικές επεμβάσεις ή θεραπείες που πραγματοποιούνται σε τόσους πολλούς ανθρώπους κάθε μέρα.

Αλλά αυτό που είναι αδιαμφισβήτητα φυσικό είναι το ότι ενενήντα τοις εκατό των μικρών παιδιών πεθαίνουν κάθε στιγμή σε χώρες που δεν υπάρχουν νοσοκομεία ή καμία αίσθηση υγιεινής, και όπου η αναμενόμενη διάρκεια ζωής δεν υπερβαίνει τα 35.

Αυτό είναι που πραγματικά θέλεις; Ποιος ανάμεσα στους πρωταθλητές του «φυσικού», θα αρνιόταν στο παιδί του ή στην ετοιμοθάνατη μητέρα του τις πιο σύγχρονες θεραπείες που μπορεί να προσφέρει η ιατρική;

Αυτοί που είναι εναντίον του κλωνοποίησης με το σκεπτικό ότι δεν είναι φυσική και μας περιγράφουν ως «η αίρεση που θέλει να κλωνοποιεί παιδιά» είναι χωρίς αμφιβολία οι ίδιοι που καταδικάζουν τους Μάρτυρες του Ιεχωβά επειδή αρνιούνται τις μεταγγίσεις αίματος. Κι ακόμη συμπεριφέρονται με τον ίδιο ακριβώς τρόπο απέναντι στην κλωνοποίηση: Απορρίπτουν την επιστήμη.

8. «Πρέπει να πεθάνουμε για να δώσουμε χώρο στη νέα γενιά»

Με ποιο δικαίωμα μπορείς να πεις ότι οι μελλοντικές γενιές είναι πιο σημαντικές από τις παρούσες;

Το δικαίωμα στη ζωή θεωρείται ιερό από κάθε πολιτισμό. Αν η διάρκεια της ζωής μας μπορεί να επεκταθεί, ή αν μπορούμε να φτάσουμε στην αιώνια ζωή, σε πια ηλικία θα 'πρεπε να απορριφθεί αυτός ο ιερός σεβασμός για τη ζωή; Που τοποθετείται το σημείο αποκοπής αυτού του σεβασμού;

Φυσικά, η αιώνια ζωή δεν πρέπει ποτέ να επιβάλλεται

σε κανένα που είναι πολύ δυστυχισμένος, καταθλιμμένος, ή άρρωστος για να τη θέλει. Όπως πολύ συχνά λέω στις διαλέξεις μου: «Αν προτιμάς να πεθάνεις, προχώρα! Τότε θα υπάρχει πιο πολύς χώρος γι αυτούς που προτιμούν να συνεχίσουν να ζουν». Η αιώνια ζωή δεν θα 'πρεπε ποτέ να επιβάλλεται σε κάποιον που δεν τη θέλει.

Το να δώσεις αθανασία σε κάποιον μανιοκαταθλιπτικό, ισοδυναμεί με σαδισμό. Για τους περισσότερους από αυτούς, κάθε νέα μέρα είναι επίπονη σαν Γολγοθάς και αυτός είναι ο λόγος που τόσο πολλοί αυτοκτονούν.

Η αιώνια ζωή είναι θέμα προσωπικής επιλογής και δεν θα 'πρεπε να επιβάλλεται..

Αν κάναμε μια δημοσκόπηση ανάμεσα στον γενικό πληθυσμό της γης, σίγουρα η τεράστια πλειοψηφία των υγιών ανθρώπων θα επιθυμούσαν να ζήσουν για πάντα.

Βέβαια, είναι απόλυτα φυσιολογικό, μερικοί γέροι ή άρρωστοι άνθρωποι, που οι ικανότητές τους έχουν ελαττωθεί λόγω ηλικίας, να προτιμούν ίσως να πεθάνουν. Πώς μπορεί κάποιος να περιμένει οι άνθρωποι να απολαμβάνουν την αιωνιότητα, αν είναι αδύναμοι και υποφέρουν από πολλαπλούς πόνους; Αλλά, αν θεραπεύσεις τους αρρώστους, και αποκαταστήσεις τη νεότητα στους ηλικιωμένους, θα δεις σύντομα ότι δε θα εύχονται πλέον να πεθάνουν!

Στην πραγματικότητα, οι περισσότεροι ηλικιωμένοι άνθρωποι γυμνάζονται, παίρνουν φάρμακα, και κάνουν ότι μπορούν για να ζήσουν όσο το δυνατό περισσότερο. Κάποιος πρέπει να είναι πραγματικά σε κατάθλιψη για να εύχεται να πεθάνει. Και εκείνοι που είναι σε καλή φυσική κατάσταση, αλλά παρόλα αυτά επιθυμούν να πεθάνουν, (και δεν μπορεί να είναι πολλοί) θα πρέπει πρώτα να θεραπευτούν για κατάθλιψη, και μετά σίγουρα δεν θα θέλουν πλέον να πεθάνουν!

Αλλά θα πρέπει ακόμη να σεβόμαστε το δικαίωμα της επιλογής του θανάτου όταν ο φυσικός ή νοητικός πόνος

43

είναι πολύ μεγάλος για να τον αντέξουμε, ανεξάρτητα αν πρόκειται για προχωρημένη ηλικία ή πολύ νωρίτερα. Αυτό μας φέρνει στο θέμα της ευθανασίας, δηλαδή, το δικαίωμα να βοηθάμε άλλους που επέλεξαν να πεθάνουν με αξιοπρέπεια όταν είμαστε ανίκανοι να τους θεραπεύσουμε. Και μιλάμε και για τον φυσικό και για τον πνευματικό πόνο. Οι αυτόνομες Βασκικές επαρχίες της βόρειας Ισπανίας, αξιοθαύμαστα νομιμοποίησαν την ευθανασία, αλλά δυστυχώς αυτό το προνόμιο είναι μόνο για αυτούς που έχουν φυσική αρρώστια που δεν θεραπεύεται, λες και οι πνευματικές αρρώστιες είναι λιγότερο σημαντικές.

Κάποιος με βαθιά μείζονα κατάθλιψη, υποφέρει το ίδιο με κάποιον που έχει καρκίνο στα κόκαλα, απλά είναι η ακριβής τοποθεσία της αρρώστιας που δεν μπορεί να εξακριβωθεί.

Το να παίρνουμε επιπόλαια την αθεράπευτη πνευματική αρρώστια συγκριτικά με την φυσική αρρώστια, είναι μια αδικαιολόγητη διάκριση, βασισμένη σ' ένα ξεπερασμένο ιατρικό σύστημα που δίνει προτεραιότητα στον φυσικό πόνο από τον πνευματικό.

Η ευθανασία θα πρέπει να προσφέρεται σ' όλους αυτούς που ο πόνος τους παραμένει αθεράπευτος είτε είναι φυσικός είτε πνευματικός.

Το δικαίωμα στην αιώνια ζωή και το δικαίωμα στο θάνατο, πάνε χέρι χέρι σε μια μοντέρνα κοινωνία, που σέβεται το δικαίωμα της προσωπικής επιλογής.

9. «Το να ζούμε για πάντα πρέπει να είναι αφάνταστα βαρετό»

Μόνο αυτοί που ήδη βαριούνται μπορούν να το πουν αυτό! Όταν αγαπούμε τη ζωή με ένα πάθος που συνεχώς τροφοδοτείται από πολλαπλές και συνεχώς ανανεούμενες απολαύσεις, δεν μπορεί να βαρεθούμε ποτέ.

Μια μέρα ένας δημοσιογράφος μου είπε: «Θα βαρεθούμε τόσο πολύ να συναντούμε πάντα τα ίδια άτομα». Αυτή τη στιγμή, υπάρχουν έξι δισεκατομμύρια άνθρωποι. Ας πούμε ότι για να γνωρίσεις κάποιον πρέπει να του μιλήσεις για τουλάχιστον μια ώρα (και πολύ περισσότερο για αυτούς που ενδιαφερόμαστε). Αφού επίσης είμαστε απασχολημένοι κάνοντας άλλα πράγματα, αυτό μας αφήνει χρόνο να γνωρίζουμε τρεις νέους ανθρώπους την ημέρα, αν είμαστε τυχεροί. Αυτό σημαίνει ότι θα γνωρίζουμε περίπου 1,000 νέους ανθρώπους το χρόνο.

Σε 80 χρόνια, τη σημερινή αναμενόμενη διάρκεια ζωής, και αφαιρώντας τα πρώτα δέκα χρόνια της ζωής μας που περνούμε με την οικογένειά μας, μπορούμε να συναντήσουμε περίπου 70,000 ανθρώπους. Έτσι, σε μια «κανονική» διάρκεια ζωής, μπορούμε να συναντήσουμε μόνο 70,000 περίπου ανθρώπους, που σημαίνει δηλαδή, λίγο πιο πολύ από ένα άτομο για κάθε εκατομμύριο που ζει στη γη τώρα.

Αλλά, αν ζούσαμε αιώνια σ' έναν πληθυσμό που ο αριθμός του ήταν ο ίδιος με τώρα, θα χρειαζόμασταν περίπου τρία εκατομμύρια χρόνια για να συναντήσουμε το μισό τωρινό πληθυσμό της Γης.

Και, σίγουρα μέχρι να τους συναντούσαμε όλους, θα ξεχνούσαμε τους πρώτους που συναντήσαμε και θα αρχίζαμε να τους «ξανασυναντούμε» από την αρχή!

Αλλά στ' αλήθεια και να μην τους ξεχνούσαμε, θα άλλαζαν τόσο πολύ μέσα στους αιώνες, που θα ήταν εντελώς διαφορετικοί άνθρωποι.

Στην πραγματικότητα, ένα από τα πιο ενδιαφέροντα μέρη της διδασκαλίας των Ελοχείμ, που αντικατοπτρίζεται και στο Βουδισμό, είναι όταν λένε ότι δεν μπορούμε να κάνουμε μπάνιο δύο φορές στον ίδιο ποταμό, επειδή όταν γυρίσουμε, το νερό θα είναι αλλαγμένο... κι εμείς επίσης. Κι εγώ λέω ότι ποτέ δεν συναντούμε το ίδιο πρόσωπο δύο

45

φορές γιατί και οι δύο μας αλλάζουμε συνεχώς.

Να γιατί μπορούμε να ζούμε για πολύ καιρό με τον ίδιο σύντροφο και να παραμένουμε αιώνια ερωτευμένοι, αν έχουμε την επίγνωση του να τον βλέπουμε πάντα με νέα μάτια και να είμαστε συνεχώς συνειδητοποιημένοι και έκπληκτοι από τις συνεχείς αλλαγές στην ανάπτυξή του.

Λοιπόν, θα βαριόμασταν να συναντούμε πάντα τους ίδιους ανθρώπους; Αδύνατο! Και αυτό ισχύει και για τις δραστηριότητές μας. Ποτέ δύο ηλιοβασιλέματα δεν είναι τα ίδια, και ακόμα και αν είναι, αλλάζουμε εμείς συνεχώς εφόσον είμαστε ζωντανοί, κι έτσι θα αντιλαμβανόμαστε το κάθε ένα από αυτά διαφορετικά. Να γιατί το να ζούμε αιώνια δεν θα είναι ποτέ ανιαρό.

Η βαρεμάρα έρχεται από μέσα μας, όχι από το περιβάλλον μας, ούτε από τη μακροβιότητά μας. Μερικοί βαριούνται τόσο πολύ που αυτοκτονούν πριν να φτάσουν τα 20 χρόνια ηλικίας, ενώ άλλοι μπορούν ακόμη να ζουν για πάντα.

Αλλά, ίσως για να εκτιμήσουμε την ύπαρξη, να χρειάζεται να αντικαταστήσουμε την κουλτούρα του «έχω» και «ξέρω» με την κουλτούρα του «είμαι» και να ενθαρρύνουμε την ανάπτυξη και τις διδασκαλίες των πνευματικών οδηγών στην κοινωνία μας αντί να τους χαρακτηρίζουμε υποτιμητικά ως «επικίνδυνους γκουρού» ή «αρχηγούς αιρέσεων».

Η λέξη «γκουρού» προέρχεται από τα Σανσκριτικά και σημαίνει την αφύπνιση, τη διδασκαλία του να θαυμάζεις το κάθε δευτερόλεπτο που ζεις. Και, όταν είμαστε έκπληκτοι κάθε δευτερόλεπτο της ύπαρξής μας, δεν θέλουμε να σταματήσει και είμαστε έτοιμοι να ζήσουμε ευτυχισμένοι αιώνια.

10. «Τότε γιατί οι άνθρωποι φοβούνται τόσο πολύ όταν μιλάμε για ανθρώπινη κλωνοποίηση;»

Ο φόβος μαγειρεύεται σκόπιμα από τα μέσα μαζικής ενημέρωσης. Πρώτα, χρειάζεται να καταλάβουμε ότι η κοινή γνώμη κατευθύνεται από ένα μικρό αριθμό ανθρώπων, στους οποίους έχουμε δώσει μια κάποια ηθική εξουσία, παρόλο που το μεγαλύτερο μέρος του κοινού δεν ενδιαφέρεται πλέον για τις απόψεις τους.

Τα ΜΜΕ, από τη δική τους πλευρά, χρειάζονται αυτούς τους ανθρώπους ως φωνές της εξουσίας, για να τρομάζουν το κοινό, προκειμένου να έχουν ψηλότερη τηλεθέαση και καλύτερες πωλήσεις.

Η περιγραφή εγκλημάτων, πολέμων, τερατουργημάτων και σκανδάλων πουλάει πολύ καλύτερα από τα απλά καλά νέα. Είναι λοιπόν προς το συμφέρων των ΜΜΕ να ξεσηκώσουν φρενίτιδα και ακόμη να πουν ψέματα, για να ανεβάσουν τον αριθμό των θυμάτων, όπως έκαναν στην περίπτωση του μακελειού στην Τιμισοάρα στη Ρουμανία. Οι μερικές δεκάδες πραγματικών θυμάτων, παρουσιάστηκαν από τους δημοσιογράφους ως εκατοντάδες και μετά ως χιλιάδες θύματα! Κι αν ένας ειλικρινής δημοσιογράφος, ανακοίνωνε τον πραγματικό αριθμό, θα δεχόταν επίπληξη και θα χαρακτηριζόταν ως ρεβιζιονιστής, που δεν ανέφερε ότι τα θύματα είναι χιλιάδες όπως όλοι οι άλλοι, ακόμη και αν δεν ήταν αληθινό!

Πρόσφατες συζητήσεις στο διαδίκτυο, όπως εκείνη που οργανώθηκε από στο Ηνωμένο Βασίλειο, από το BBC (Βρετανική Ραδιοφωνία) έδειξε ότι η τεράστια πλειοψηφία του κοινού είναι υπέρ της ανθρώπινης κλωνοποίησης. Αλλά τα ΜΜΕ δεν το ανέφεραν. Τα ΜΜΕ δημοσιεύουν πάντα τις γνώμες λίγων συντηρητικών μιας ξεπερασμένης εποχής, που είναι εντελώς ανίκανοι να καταλάβουν ακόμα και το ελάχιστο για το θέμα. Ο Πάπας για παράδειγμα, είναι πάντα πιστός στην μακρά Καθολική παράδοση: Να είναι πάντα εναντίον κάθε προόδου!

Δεν πρέπει να ξεχνάμε ότι το Βατικανό καταδίκαζε και καταδικάζει πάντα κάθε νέα ανακάλυψη. Όχι μόνο καταδίκασαν τον Κοπέρνικο και τον Γαλιλαίο όταν απέδειξαν ότι η γη δεν είναι το κέντρο του σύμπαντος, αλλά έκαψαν ζωντανό τον Τζιορντάνο Μπρούνο, επειδή είπε ότι υπάρχει ζωή σ' άλλους πλανήτες. Επίσης, οι πρώτοι άνθρωποι που έφαγαν με πιρούνια, αφορίστηκαν, αφού το φαγητό, καθώς είναι δώρο «Θεού», θα πρέπει να αγγίζεται μόνο με τα χέρια! Πρέπει επίσης να συμπεριλάβουμε και την ατμομηχανή, τον ηλεκτρισμό και όλα αυτά για να μην πούμε για την αντισύλληψη και την έκτρωση.

Έτσι, βλέπουμε ότι τα ΜΜΕ υιοθετούν αυτές τις απόψεις και δεν αναφέρουν τις απόψεις άλλων θρησκειών. Για την ακρίβεια, υπάρχουν Ραβίνοι και πνευματικοί Ισλαμιστές και Βουδιστές ηγέτες που υποστηρίζουν την κλωνοποίηση. Αλλά δεν αναφέρονται από τα ΜΜΕ.

Με λίγα λόγια, αυτοί οι Ισλαμιστές και Εβραίοι θρησκευτικοί αρχηγοί, λένε ότι «αν ο Θεός επιτρέπει στον άνθρωπο να ανακαλύψει και να χρησιμοποιεί αυτές τις τεχνικές, τότε είναι θέλημά του». Οι Βουδιστές αρχηγοί, που, με την ευκαιρία, δεν πιστεύουν σε ένα παντοδύναμο Θεό, λένε ότι ο κλωνοποίηση είναι «θετικό κάρμα». Με άλλα, δίνει στην «ψυχή», ακόμη μια ευκαιρία να μετενσαρκωθεί. Αλλά τα ΜΜΕ δημοσιεύουν μόνο τις δηλώσεις του Πάπα.

Μας επιτρέπεται να έχουμε μόνο έναν τρόπο σκέψης, και αυτός ο περιορισμός εφαρμόζεται σε πολλές πλευρές της ζωής μας. Υπάρχει μια τάση να κανονικοποιούν την κοινωνία, να συγκαλύπτουν τις διαφορές και να μαρκάρουν όσους ξεστρατίσουν από τον ευθύγραμμο και στενό δρόμο της φυσιολογικότητας, ως διαβολικά τέρατα κτλ. Τις ίδιες κατηγορίες εξαπολύουν και προς τις θρησκευτικές μειονότητες, οι οποίες αποκαλούνται τότε «σέκτες» και «αιρέσεις». Όλοι πρέπει να σκέφτονται τα ίδια, να πιστεύουν τα ίδια και να αγοράζουν τα ίδια.

Αλλά ευτυχώς, λόγω της παγκόσμιας ανταλλαγής σκέψεων στο ίντερνετ, αυτοί που μάχονται για να υπερασπίσουν το δικαίωμα του να σκέφτεσαι διαφορετικά, τώρα καταλαβαίνουν ότι δεν είναι μόνοι.

ΕΝΑ ΠΑΙΔΙ «ΚΑΤΑ ΠΑΡΑΓΓΕΛΙΑ»

Ήδη είναι δυνατό για τους γονείς, να διαλέξουν πριν τη γέννηση συγκεκριμένα χαρακτηριστικά των παιδιών που θέλουν να αποκτήσουν. Μπορείτε ήδη να διαλέξετε αν θέλετε αγόρι ή κορίτσι, παρόλο που μερικές χώρες θεώρησαν σωστό το να ψηφίσουν εναντίον μιας τέτοιας επιλογής.

Πολύ σύντομα, ωστόσο, όλα τα χαρακτηριστικά του παιδιού θα είναι θέμα επιλογής, και τότε πραγματικά θα μπορείς να έχεις ένα παιδί «κατά παραγγελία».

Τα επιχειρήματα αυτών που αντιτίθενται σ' αυτό είναι γελοία.

Για την ώρα, όλα αφήνονται στην τύχη, ή αυτό που μερικοί - που παραμένουν ακόμη αρκετά πρωτόγονοι ή προληπτικοί για να πιστεύουν σε τέτοια πράγματα, – ονομάζουν «θέλημα του Θεού».

Σαν συνέπεια, αυτές οι οικογένειες γεννούν παιδιά γενετικά παραμορφωμένα, παιδιά που είναι ανάπηρα, που υποφέρουν για όλη τη ζωή τους, που συχνά η αναμενόμενη διάρκειά της είναι πολύ μικρή, και των οποίων η φροντίδα είναι τεράστιο φορτίο στην κοινωνία. Κι όμως όλος αυτός όλος ο πόνος θα μπορούσε ν' αποφευχθεί.

Είναι έγκλημα εναντίον της ανθρωπότητας να επιτρέπεται σε παιδιά να γεννηθούν που θα υποφέρουν όλη τους τη ζωή όταν ξέρουμε ήδη πως να διασφαλίσουμε τη γέννηση μόνο υγιών παιδιών.

Είναι οι ίδιοι άνθρωποι που υποστηρίζουν ότι ο κλωνοποίηση είναι επικίνδυνη για την ισορροπία του παιδιού, χρησιμοποιώντας το πρόσχημα ότι δεν θα είναι πραγματικά επιθυμητά και ότι δεν πρέπει να κάνουμε παιδιά για το δικό μας χατίρι, αλλά για την ευτυχία της νέας ανθρώπινης ύπαρξης. Είναι επίσης οι ίδιοι αυτοί άνθρωποι των οποίων η αποκαλούμενη *αγάπη* και *ενδιαφέρον* για το *μέλλον* του παιδιού ξαφνικά πάει περίπατο όταν πρόκειται για την υγεία του παιδιού. *Ξαφνικά, αρχίζουν να μιλούν για το ότι πρέπει να αφήνουμε την φύση να αποφασίζει, και για το ότι δεν πρέπει να εμποδίζουμε να συλλαμβάνονται γενετικά ανάπηρα παιδιά. Παρόλ' αυτά, είναι πολύ πιο σοβαρό να γεννηθεί ένα παιδί χωρίς πόδια ή χέρια, από το να γεννηθεί από κλωνοποίηση ανέπαφο.*

Ακόμη και η άρνησή τους να μην επιλέγουν το γένος του παιδιού, είναι μια αντίφαση. Αν μια οικογένεια που θέλει αγόρι, κάνει κορίτσι, τότε το κορίτσι πιθανότατα θ' απορριφθεί ή θα υποστεί κακομεταχείριση ή ακόμη και θα πουληθεί ή θα σκοτωθεί, όπως δυστυχώς συμβαίνει σε ορισμένες χώρες. Σε πιο πολιτισμένα μέρη του κόσμου, όπου οι εκφράσεις απογοήτευσης είναι λιγότερο βάρβαρες, τέτοια αισθήματα θα μπορούσαν ακόμη να επηρεάσουν την αρμονική ανάπτυξη του παιδιού.

Αφήνοντας τις οικογένειες να διαλέξουν το γένος των παιδιών τους, βοηθάμε στο να εξασφαλιστεί ότι το παιδί θα είναι ολοκληρωτικά αποδεκτό και αγαπητό. Αυτή είναι μια έκφραση πραγματικού ενδιαφέροντος για το μέλλον του παιδιού.

Επιπλέον, οι περισσότερες οικογένειες θα θέλουν ένα αγόρι και ένα κορίτσι. Έτσι η ισορροπία των φύλων στον κόσμο δεν θ' αλλάξει πολύ. Φυσικά, αυτό δεν είναι πρόβλημα στ' αλήθεια αφού μπορούμε να αναπαραχθούμε με κλωνοποίηση!

Η κλωνοποίηση θα μπορούσε ακόμη να μας επιτρέψει να διατηρήσουμε το βασικό ρυθμό αναπαραγωγής, για την επιβίωση του πληθυσμού ακόμη κι αν επιλέξουμε μιαν «ανισόρροπη» αναλογία φύλων όπως μεγάλη πλειοψηφία αντρών ή μεγάλη πλειοψηφία γυναικών.

Νομίζω ότι είναι ασφαλές να πούμε πως για μια ακόμη φορά θα είναι οι ΗΠΑ, η χώρα προσωπικής ελευθερίας, που θα πρωτοπορήσουν και στον τομέα αυτό.

Ήταν το θαυμάσιο Ανώτατο Δικαστήριο των ΗΠΑ, που αποτελείται από δικαστές διορισμένους για όλη τη διάρκεια της ζωής τους, οι οποίοι είναι εντελώς ανεξάρτητοι από το κόμμα της εξουσίας, το οποίο πρώτο επέτρεψε την εξωσωματική γονιμοποίηση ή (IVF), που τώρα βοηθά εκατοντάδες μητέρες την ημέρα, στη βάση του ότι « το Αμερικανικό Σύνταγμα εγγυάται το δικαίωμα του ατόμου να επιλέγει την μέθοδο αναπαραγωγής που θέλει». Αυτό που ισχύει για το IVF, ισχύει επίσης και για την κλωνοποίηση και, φυσικά, την ελευθερία του να επιλέγουμε τα χαρακτηριστικά του παιδιού που θα δημιουργηθεί.

Συμπεραίνοντας περαιτέρω, δεν υπάρχει λόγος γιατί να μην μπορούν οι μελλοντικοί γονείς να επιλέξουν το παιδί τους σύμφωνα με τα φυσικά ή νοητικά χαρακτηριστικά του.

Κι εκεί επίσης, μπορεί η ευτυχία του παιδιού να εξαρτάται από αυτό, γιατί όσο περισσότερο ένα παιδί ανταποκρίνεται στις προσδοκίες των γονιών του, τόσο πιο πολύ θα αγαπιέται.

Τι το κακό υπάρχει, στο ν' επιτρέπουμε σε μια οικογένεια επιστημόνων, να επιθυμεί το παιδί τους να είναι ιδιοφυΐα στον τομέα τους. Αν το αφήσουμε στην τύχη, τότε μπορεί να έχουν ένα παιδί που τα μόνα του ενδιαφέροντα να είναι ο αθλητισμός ή η μουσική. Σ' αυτή την περίπτωση, υπάρχει μεγάλη πιθανότητα, όπως πολύ συχνά γίνεται, οι γονείς να κάνουν τη ζωή του παιδιού δυστυχισμένη, με το να επεμβαίνουν στα φυσικά του ταλέντα. Ο κόσμος είναι γεμάτος από ανθρώπους που ποτέ δεν ξεπέρασαν την πίεση της οικογένειάς τους να κάνουν κάτι διαφορετικό από αυτό που πραγματικά ήθελαν, και τώρα «σκοντάφτουν» από κατάθλιψη σε κατάθλιψη, και είτε αυτοκτονούν για να λυτρωθούν από τον πόνο ή σκοτώνουν αργά τον εαυτό τους με ναρκωτικά και αλκοόλ.

Αν ένα ζευγάρι μουσικών επιθυμεί ένα παιδί με μουσικό ταλέντο, και το επιτρέπει η γενετική, τότε έχουμε μια εξαιρετική κατάσταση. Και οι δυο γονείς και το παιδί θα ήταν απόλυτα ευτυχισμένοι μαζί, θα μπορούσαν να παρέχουν ένα ιδανικό περιβάλλον για την ανάπτυξη των δυνατοτήτων του παιδιού, κι ένας μελλοντικός δεξιοτέχνης, ευτυχισμένος που είναι ζωντανός και γεμάτος ταλέντο, θα αποτελούσε ένα πραγματικό πλεονέκτημα της κοινωνίας.

Το ίδιο ισχύει και για ένα ψηλού επιπέδου επιστημονικό ή αθλητικό ζευγάρι. Οι οικογένειες, το μελλοντικό παιδί και η κοινωνία, όλοι θα επωφελούνταν από τη δυνατότητα των γονιών να επιλέξουν τα χαρακτηριστικά του μελλοντικού παιδιού τους.

Και οι δήθεν «ηθικές» επιφυλάξεις πάνω σε αυτό είναι απλά δικαιολογίες. των οποίων οι ρίζες ξεφυτρώνουν από πρωτόγονες θρησκείες, που προτιμούν να αφήνουν ένα φανταστικό θεό να αποφασίζει ποιες αδυναμίες θα επιφέρει πάνω σ' ένα αθώο παιδί, ή ποια δώρα θα στολίσουν τη ζωή του.

Θα έρθει μια μέρα, ωστόσο, που τα «ηθικά» ερωτήματα της τωρινής εποχής θα φαίνονται εντελώς ανήθικα καθώς δεν λαμβάνουν υπόψη την αληθινή ευτυχία του μελλοντικού παιδιού ή το μέλλον της ανθρωπότητας.

Για μια ακόμη φορά, η σοφία βρίσκεται στο να επιτρέπουμε στους ανθρώπους να επιλέγουν. Σίγουρα, εάν επιτρέπεται η ελευθερία της επιλογής, η τεράστια πλειοψηφία των γονιών, θα ήθελε να επιλέξει τα χαρακτηριστικά του μελλοντικού παιδιού τους, παρά να το αφήσουν στην τύχη. Δεν υπάρχει μάνα στον κόσμο που να μη θέλει το καλύτερο για το παιδί της, με εξαίρεση μερικούς ανθρώπους που είναι ολοκληρωτικά υποταγμένοι σε κάποιο θρησκευτικό πιστεύω που περιορίζει τη συνειδητότητα.

Η ερώτηση είναι: Θα πρέπει να αφήνουμε τέτοιους ανθρώπους να υπαγορεύουν το αν θα επιτρέπει η κοινωνία να γεννιούνται παιδιά βασανισμένα από φυσικές τερατογενέσεις, ή με μια ζωή γεμάτη αρρώστια και αναπηρία, όταν ξέρουμε τώρα πώς να το αποφύγουμε;

Έτσι επίσης η δημοκρατία θα απορρίψει αυτά τα «ηθικά σωστά» μυαλά των συντηρητικών θρησκευόμενων, που ισχυρίζονται ότι ξέρουν καλύτερα από τις μητέρες τι είναι καλύτερο για τα παιδιά τους.

Επίσης, έχουν αυτοί οι άνθρωποι το δικαίωμα να επιβάλουν στην κοινωνία το βάρος ανάπηρων παιδιών, παιδιών που είναι το αποτέλεσμα των εγκληματικών αποφάσεών τους, που βασίζονται σε ξεπερασμένα θρησκευτικά πιστεύω;

Μπορούν τα θρησκευτικά κίνητρα να δικαιολογήσουν οποιοδήποτε έγκλημα; Ευτυχώς, δεν επιτρέπεται πλέον η θυσία ανθρώπων για λόγους θρησκευτικής αφοσίωσης, και, επιτέλους, αρχίζουμε να απαγορεύουμε τους σεξουαλικούς ακρωτηριασμούς οι οποίοι βασίζονται σε θρησκευτικά πιστεύω. Δεν είναι καιρός να απαγορεύσουμε την σύλληψη παιδιών με γενετικές ανωμαλίες καθώς είναι έγκλημα εναντίον της ανθρωπότητας, τώρα που γνωρίζουμε πως μπορούμε να το εμποδίσουμε;

ΓΕΝΕΤΙΚΑ ΤΡΟΠΟΠΟΙΗΜΕΝΑ ΤΡΟΦΙΜΑ: Η ΛΥΣΗ ΓΙΑ ΤΗΝ ΠΑΓΚΟΣΜΙΑ ΠΕΙΝΑ

Επιτέλους, χάρη στη γενετική, θα μπορούμε να παρέχουμε φαγητό για όλους σε αφθονία. Τα γενετικά τροποποιημένα φαγητά είναι το μέλλον της ανθρωπότητας. Τα πλεονεκτήματά τους είναι πολλά.

Πρώτα απ' όλα, μας επιτρέπουν να ελαττώσουμε σημαντικά την ποσότητα των παρασιτοκτόνων και μυκητοκτόνων στη Γη, που είναι μια σοβαρή πηγή μόλυνσης. Ακόμη, όπως πρόσφατα αποδείχτηκε με το γενετικά τροποποιημένο κίτρινο ρύζι, μας επιτρέπουν να παρέχουμε μια σημαντική πηγή βιταμινών για τις χώρες του Τρίτου Κόσμου, των οποίων ο πληθυσμός τις χρειάζεται απεγνωσμένα.

Είναι πολύ εύκολο για τους Δυτικούς να διακηρύσσουν από την κορυφή του τετράπαχου πύργου τους, ότι τα γενετικά τροποποιημένα φαγητά είναι επικίνδυνα. Εντούτοις, αυτό που είναι πιο επικίνδυνο για την υγεία τους, είναι το να μην έχουν τίποτα να φάνε. Όλα τα άλλα είναι ασήμαντα.

Έστω κι αν τα πρώτα γενετικά τροποποιημένα φαγητά δεν είναι τέλεια, θα πρέπει να συνεχίσουμε με τέτοια πειράματα, γιατί αυτός ακριβώς είναι ο τρόπος να τα βελτιώσουμε.

Ο φόβος ότι αυτά τα νέα είδη που δημιουργούνται από τον άνθρωπο, θα δραπετεύσουν και θα γονιμοποιήσουν ή θα επικονιάσουν τα «φυσικά» είδη, είναι αστήρικτος και βασισμένος στην άγνοια.

Μέχρι πρόσφατα, όλες οι γενετικές τροποποιήσεις ήταν το αποτέλεσμα επιλογών που έκαναν οι κηπουροί και οι κτηνοτρόφοι μέσα σε μια περίοδο αιώνων. Τα γενετικά τροποποιημένα φαγητά δεν διαφέρουν. Κανένας δεν ανησυχεί ότι το σιτάρι, που μας πήρε αιώνες να το βελτιώσουμε για μεγαλύτερη παραγωγικότητα, κινδυνεύει να αναμιχθεί με την άγρια ποικιλία ή ότι οι γαλακτοπαραγωγικές αγελάδες που διασταυρώνονται για να παράγουν 20 φορές περισσότερο γάλα από το «κανονικό», θα ζευγαρώσουν και θα «μολύνουν» τις άγριες αγελάδες!

Η χρήση της γενετικής μηχανικής, όχι μόνο θα φέρει φαγητό σε αφθονία και θα ελαττώσει την μόλυνση, αλλά θα μας βοηθήσει επίσης να ανακαλύψουμε φρούτα και λαχανικά με υπέροχες γεύσεις, αφού και η γεύση μπορεί να ελεγχθεί γενετικά. Έτσι θα μπορούμε να βελτιώσουμε τη γεύση των φραουλών, και να τις κάνουμε φυσικά πιο γλυκές χωρίς να χρειάζεται να προσθέτουμε ραφιναρισμένη άσπρη ζάχαρη.

Φανταστείτε φρούτα και λαχανικά, εντελώς φυσικά και χωρίς παρασιτοκτόνα, 100 φορές πιο γευστικά. Θα μπορούσαμε να έχουμε φράουλες, μπανάνες, και ανανάδες με την έντονη γεύση των ζαχαρωτών. Όλα αυτά είναι δυνατό να γίνουν.

Το ίδιο ισχύει και για τα εκτρεφόμενα ζώα. Πρόσφατα, ένας σολομός τροποποιήθηκε γενετικά να μεγαλώνει δέκα φορές πιο γρήγορα από τον άγριο σολομό.

Οι επονομαζόμενοι «οικολογικοί» πολέμιοι προσπαθούν να σταματήσουν την εμπορευματοποίησή του, με το πρόσχημα του κινδύνου ότι αν δραπετεύσει θα αναμιχθεί με τον άγριο σολομό. Και αν αυτό γίνει; Τότε θα έχουμε σολομό που θα γίνεται δέκα φορές πιο μεγάλος. Δεν νομίζω κανένας ψαράς να 'χει παράπονο. Οι γενετιστές προτείνουν να κάνουν αυτούς τους σολομούς στείρους, για να κάνουν όσους είναι εναντίον της προόδου να το βουλώσουν. Σίγουρα, ωστόσο, οι ψαράδες άγριου σολομού δεν θα είναι ευχαριστημένοι να ψαρεύουν σολομούς δέκα φορές μικρότερους απ όσο θα μπορούσαν.

Επιπλέον, αυτοί οι τροποποιημένοι σολομοί δεν είναι λιγότερο γευστικοί από τους «κανονικούς». Το αντίθετο μάλιστα, μπορούμε να τροποποιήσουμε τα γονίδια που ελέγχουν τη γεύση της σάρκας του και να το κάνουμε ακόμη πιο πεντανόστιμο. Το ίδιο θα μπορούσε να ισχύει για όλα τα κρέατα. Για παράδειγμα, θα είναι πανεύκολο να κάνουμε το φρέσκο βοδινό τόσο μαλακό και νόστιμο όσο το σιτεμένο βοδινό. Μπορούμε ακόμη και να το καλυτερεύσουμε και αυτό θα είναι δυνατό για όλα τα φαγητά που ξέρει ο άνθρωπος.

Πρόσφατα, οι επιστήμονες δημιούργησαν ένα φωτεινό λαγό με την πρόσθεση μερικών γονιδίων από μια φωτεινή μέδουσα στο τρωκτικό.

Όταν αυτός ο λαγός εκτεθεί σε υπεριώδες φως, γίνεται φωσφορούχος. Αυτό θα το κάνει σίγουρα πολύ δημοφιλές κατοικίδιο για παιδιά.

Φυσικά, και σ' αυτή την περίπτωση, οι επονομαζόμενοι «προστάτες των ζώων» ύψωσαν τις φωνές τους σε διαμαρτυρία. Μήπως αυτός ο λαγός παραπονέθηκε που είναι φωτεινός; Απ' ότι γνωρίζω όχι ακόμα, αφού η γενετική τροποποίηση δεν του έδωσε το δώρο της ομιλίας ακόμη (παρόλο που μπορεί να γίνει μια μέρα!).

Πως μπορούν να υποθέτουν ότι ένα υγιές φωτεινό λαγουδάκι είναι λιγότερο ευτυχισμένο από ένα συνηθισμένο; Ακόμη μια φορά, αυτές οι διαμαρτυρίες, είναι οι συνηθισμένες αντιδράσεις εναντίον της επιστήμης, από πρωτόγονους ανθρώπους.

Προσωπικά, θα το απολάμβανα αν κάποιος μου έδινε αυτό το γονίδιο και μ' έκανε φωτεινό. Θα είχε πολλή πλάκα στα πάρτι στην παραλία τη νύκτα! Μπορεί, μια μέρα...

Γιατί ένα κατοικίδιο που τροποποιείται γενετικά σοκάρει τους συντηρητικούς τόσο πολύ; Σοκάρονται από τα τρομερά πρόσωπα των Μπουλ-τεριέ, των Μπουλντόγκ, των Γιορκσάιρ-τεριέ, ή των Τσιουάουα; Όχι, κι όμως όλες αυτές οι ράτσες προέρχονται από το λύκο ή το αγριόσκυλο και είναι ο καρπός αιώνων γενετικών επιλογών. Αν σήμερα υπήρχαν μόνο ο λύκος και το αγριόσκυλο, και οι γενετιστές παρήγαγαν το τσακάλι ή ένα Τσιουάουα, οι ίδιοι οι «προστάτες ζώων» θα φώναζαν «Σκάνδαλο!» λέγοντας ότι δεν έχουμε το δικαίωμα να τροποποιούμε έτσι τα είδη. Κι όμως, δεν ακούμε κανένα παράπονο καθώς θαυμάζουν χαρούμενα μια γυμνή γάτα με ρυτιδιασμένο δέρμα και χωρίς γούνα απλά επειδή οι γενετικές τροποποιήσεις πήραν αιώνες να γίνουν αντί μήνες. Θα μπορούσε κάτι να είναι πιο γελοίο;

ΤΟ ΔΙΑΔΙΚΤΥΟ: ΜΙΑ ΘΡΗΣΚΕΥΤΙΚΗ ΕΜΠΕΙΡΙΑ

Ήταν αναμενόμενο το γεγονός ότι οι ίδιοι «δεινόσαυροι» που είναι εναντίον της κλωνοποίησης, θα ήταν επίσης εναντίον της ελευθερίας που μας δίνει το ίντερνετ, ο πιο καινούριος τρόπος επικοινωνίας του κόσμου. Ο λόγος, βεβαίως, είναι ότι επιτρέπει στους ανθρώπους να επικοινωνούν άμεσα μεταξύ τους, προσπερνώντας τις παραδοσιακές μεθόδους επικοινωνίας, που πάντοτε ελέγχονταν και λογοκρίνονταν από τις κυβερνήσεις του κόσμου. Αυτός ο έλεγχος επιτυγχανόταν όχι μόνο μέσα από τα νομοθετικά ανδρείκελα κάθε κυβέρνησης, αλλά επίσης και από τις οικονομικές και θρησκευτικές δυνάμεις που, εκούσια ή ακούσια, γίνονταν συνένοχοι στην προσπάθεια φίμωσης του κοινού.

Ακόμη και τώρα που διαβάζετε αυτές τις λέξεις, οι μεγάλες εφημερίδες και τα τηλεοπτικά δίκτυα, δουλεύουν υπερωρίες μαγειρεύοντας ένα μείγμα από πολιτικά, οικονομικά, και θρησκευτικά ορθό φύραμα, το οποίο θα ταΐσουν με το κουταλάκι, σ' ένα κοινό που περιμένει με ανοικτό το στόμα. Σχεδόν πάντα, ο μόνος σκοπός αυτού του χυλού των ΜΜΕ είναι στο να μετατρέψει το ακροατήριό τους σε πρόβατα που μπορούν εύκολα να εκμεταλλευτεί η κυβέρνηση, ενώ την ίδια στιγμή, δημιουργεί την ψευδαίσθηση ότι ζουν σε μια σχεδόν τέλεια, ελεύθερη κοινωνία. Οι Κινεζικές και οι Γαλλικές κυβερνήσεις είναι αριστοτέχνες αυτής της απάτης, και μια αναφορά που κυκλοφόρησε στις Ηνωμένες Πολιτείες τις ξεχώρισε ως χώρες που δεν σέβονται την θρησκευτική ελευθερία.

Οι Γάλλοι, για παράδειγμα, είναι πεπεισμένοι ότι ζουν σε μια εξαιρετικά ελεύθερη χώρα, αλλά είναι εντελώς λάθος. Οι Ηνωμένες Πολιτείες είναι η χώρα της ελευθερίας. Παρόλα αυτά, η Γαλλική εθνική προπαγάνδα, που στηρίζεται από τα ΜΜΕ, έχει πείσει τον Γαλλικό πληθυσμό ότι η ελευθερία τους είναι θέμα εθνικής υπερηφάνειας – σχεδόν μέρος της κληρονομιάς τους. Οι Γάλλοι είναι τόσο περήφανοι για την ιδέα που έχουν για την ελευθερία τους, που δεν συνειδητοποιούν ότι η ελευθερία τους έχει σχεδόν αποσαθρωθεί.

Όταν κάποιος τους παρουσιάζει μιαν χώρα πραγματικής ελευθερίας για σύγκριση, όπως οι Ηνωμένες Πολιτείες, αμέσως θα απαριθμήσουν τα αρνητικά τις Αμερικής: ότι είναι «υπερβολικά» ελεύθερη στα μάτια τους, δεν είναι αρκετά ασφαλής, ότι υπάρχει η θανατική ποινή, όπως και φτώχεια και άλλες υπεραπλουστευμένες αντιλήψεις.

Για την ακρίβεια, η υπερβολική τους αίσθηση περηφάνιας, είναι τέτοια ώστε έχουν πειστεί πως κατέχουν την τέλεια αρμονία: αρκετά ελεύθεροι, αλλά όχι υπερβολικά ελεύθεροι.

Η κατάσταση δεν διαφέρει και πολύ από τους οδηγούς που θεωρούν όποιον τους προσπερνά σαν ένα ψευτοπαλικαρά πιτσιρικά, που είναι πολύ νέος για να οδηγεί, και όποιον προσπερνούν αυτοί, σαν μια κότα που είναι πολύ γέρος για να οδηγεί. Είναι γνωστό ότι ο καθένας βλέπει τα πράγματα από την δική του πλευρά. Ωστόσο, το πρόβλημα με την ελευθερία, είναι ότι είναι ή όλη ή τίποτα.

Κάποιος θα μπορούσε να πει ότι «η ελευθερία ποτέ δεν μπορεί να είναι ολοκληρωτική και ότι χρειαζόμαστε όρια για να αποφύγουμε την αναρχία». Ναι, είναι αλήθεια ότι οι νόμοι είναι απαραίτητοι για να υπάρχει δικαιοσύνη, και κάθε πολίτης θα πρέπει να έχει τα ίδια δικαιώματα ανεξάρτητα φυλής, περιουσίας, ή δύναμης. Αλλά, αυτό πρέπει να ισχύει και για τις κυβερνήσεις.

Στις Ηνωμένες Πολιτείες, η κυβέρνηση μπορεί να κατηγορηθεί αν δημιουργήσει νόμους που δεν σέβονται την προσωπική ελευθερία και την ελευθερία έκφρασης, όπως είναι εγγυημένες από το σύνταγμα της χώρας. Όμως, στη Γαλλία δεν συμβαίνει το ίδιο. Υπάρχει ένα άρθρο που περιορίζει αυτή την ελευθερία, όταν «απειλείται η δημόσια τάξη». Αυτό το ψευδές πρόσχημα μπορεί να ανασυρθεί ως δικαιολογία οποιαδήποτε στιγμή και να χρησιμοποιηθεί εναντίον της προσωπικής ελευθερίας, που διασφαλίζεται από τη Διακήρυξη των Ανθρωπίνων Δικαιωμάτων.

Η βασική ελευθερία, όπως διασφαλίζεται από την Διακήρυξη των Ανθρωπίνων Δικαιωμάτων, δεν πρέπει να έχει περιοριστικές εξαιρέσεις – ούτε ακόμη και για την τήρησης της «δημόσιας τάξης». Μια χώρα που μπορεί να απαγορεύσει την έκδοση ενός βιβλίου, την πρόσβαση σε μια ιστοσελίδα στο ίντερνετ ή που κάνει διακρίσεις εναντίον μιας θρησκευτικής μειονότητας, δεν είναι μια ελεύθερη χώρα. Η ελευθερία της έκφρασης πρέπει να είναι ολοκληρωτική και χωρίς περιορισμούς, διαφορετικά δεν υπάρχει ελευθερία. Στην Γαλλία δεν υπάρχει ελευθερία, ενώ στις Ηνωμένες Πολιτείες υπάρχει. Αυτό το βλέπουμε και στα γραπτά ντοκουμέντα και στα γεγονότα. Εάν ακόμα κι αυτή η ισχυρή κυβέρνηση των Ηνωμένων Πολιτειών, προσπαθήσει να περάσει ένα νόμο ο οποίος αντιτίθεται στο σύνταγμα, ή που δεν σέβεται την ελευθερία της έκφρασης, αυτός ο νόμος θα ακυρωθεί από το Ανώτατο Δικαστήριο που είναι ένας ανεξάρτητος οργανισμός ξεχωριστός από τα έννομα συμφέροντα της κυβέρνησης.

Το ίντερνετ, από την άλλη μεριά, επιτρέπει στην πληροφόρηση να κυκλοφορεί ελεύθερα και άμεσα, κι έτσι επιτρέπει σε όλους τους έχοντες γνώμες, ακόμη κι εκείνες που διαφέρουν από τη γενική τάση, να τις εκφράσουν Και να κάνουν και άλλους ανθρώπους να σκεφτούν και να αμφισβητήσουν την επίσημη θέση, είτε είναι πολιτική, θρησκευτική, επιστημονική ή οικονομική. Να γιατί οι ολοκληρωτικές χώρες προσπαθούν να ελέγξουν το ίντερνετ, το οποίο θα διαβρώσει την απόλυτη δύναμή τους.

Η ελευθερία έκφρασης, που είναι τόσο σημαντική, και είναι εγγυημένη από την Διακήρυξη των Ανθρωπίνων Δικαιωμάτων, βρίσκει στο ίντερνετ το ιδανικό εργαλείο για να πραγματοποιηθεί.

Δεν αποτελεί έκπληξη ότι ο Ηνωμένες Πολιτείες ,η μόνη χώρα στον κόσμο που το σύνταγμά της εξασφαλίζει απεριόριστη ελευθερία έκφρασης, είναι επίσης η ίδια χώρα όπου το ίντερνετ είναι εντελώς ελεύθερο, με την πρόθεση να παραμείνει έτσι.

Η Κίνα, από την άλλη, μαζί με άλλες χώρες όπως η Γερμανία και η Γαλλία, θέλουν να προβάλουν την εικόνα της ελευθερίας, αλλά στην πραγματικότητα δεν έχουν καθόλου. Αυτές οι χώρες περιορίζουν την ελευθερία του ίντερνετ, και φυλακίζουν ανθρώπους που εκφράζουν συγκεκριμένες γνώμες σ' αυτό.

Για παράδειγμα, η Γαλλία φυλάκισε μερικούς ανθρώπους για τις αναθεωρητικές τάσεις τους, όπως η άρνηση ή ελαχιστοποίηση της πραγματικότητας των στρατοπέδων συγκέντρωσης των Ναζί. Ωστόσο, αυτές οι ίδιες απόψεις υπάρχουν σε Αμερικανικές ιστοσελίδες, και τις οποίες δεν έχουν καμιά πρόθεση να αλλάξουν.

Παρόμοια, η Γαλλία απαγόρευσε στο Yahoo! France να δίνει σε Γάλλους υπηκόους το δικαίωμα πρόσβασης σε Αμερικανικές ιστοσελίδες που έκαναν δημοπρασίες Ναζιστικών αντικειμένων. Αλλά ακόμη κι έτσι, οι Γάλλοι που ήθελαν να αγοράσουν αυτά τα αντικείμενα, μπορούσαν ακόμη να το κάνουν συνδεόμενοι με

Αμερικανικούς σέρβερς.

Στη Γερμανία επίσης, η κυβέρνηση εξανάγκασε το κλείσιμο πολλών ακροδεξιών ιστοσελίδων, οι οποίες αμέσως ξανάνοιξαν στις Ηνωμένες Πολιτείες.

Αυτή είναι η μαγεία της ελευθερίας του ίντερνετ. Παρόλο που μια δικτατορική και αντι-ελεύθερη κυβέρνηση μπορεί να απαγορεύσει την δημοσίευση των αποκαλούμενων «ρεβιζιονιστικών» βιβλίων, αυτά θα εμφανιστούν μετά από λίγες μέρες διαθέσιμα στο ίντερνετ. Αυτό συνέβη πολλές φορές στη Γαλλία με βιβλία όπως του Ρότζερ Γκαροντί, και του γιατρού του πρώην προέδρου Φρανσουά Μιτεράν.

Το ίντερνετ σημαίνει το τέλος της λογοκρισίας. Ξανά, είναι το τέλος της απαγόρευσης! Δεν μπορούν πλέον να συνεχίζουν να απαγορεύουν, καθώς όποια ιδέα ή έκφραση θέλουν να εμποδίσουν θα καταφέρνει να τρυπώνει πάντα μέσα από το ένα ή το άλλο παραθυράκι στο ίντερνετ.

Δεν λέω ότι συμφωνώ με τις αναθεωρητικές ή τις νεο-Ναζιστικές φιλοσοφίες, αλλά σύμφωνα με την ελευθερία έκφρασης, όπως είναι κατοχυρωμένη από την Διακήρυξη των Ανθρωπίνων Δικαιωμάτων, ο καθένας θα έπρεπε να μπορεί να εκφράζει τις ιδέες του ελεύθερα.

Αυτή είναι η περίπτωση στις Ηνωμένες Πολιτείες, την μόνη χώρα στον κόσμο που σέβεται αυτό το θεμελιώδες δόγμα της ελευθερίας και δεν δημιουργεί προβλήματα. Εφόσον η ελευθερία της έκφρασης είναι καθολική, εκείνοι που είναι εναντίον του ρατσιστικού μίσους και των Ναζιστικών ιδεωδών μπορούν επίσης να εκφράσουν τον εαυτό τους ελεύθερα, και επειδή αυτοί οι άνθρωποι είναι περισσότεροι, κατά συνέπεια υπάρχουν περισσότερες ιστοσελίδες στο ίντερνετ που διαδίδουν την αδελφοσύνη και το σεβασμό μεταξύ των διαφορετικών φυλών, και μια μεγάλη πλειοψηφία του πληθυσμού μοιράζεται αυτές τις αξίες. Σ' όλες τις περιπτώσεις, η ελευθερία της έκφρασης είναι σεβαστή.

Αν αυτή η ελευθερία του ίντερνετ θεωρηθεί ιερή ακόμη και στις ακραίες περιπτώσεις που αναφέρθησαν πιο πάνω, τότε αυτό ανοίγει τις πόρτες σε νέους, και πιο επαναστατικούς ορίζοντες.

Η ελεύθερη διακίνηση ιδεών ως αποτέλεσμα της τυπογραφικής πρέσας έφερε επανάσταση στη θρησκεία και δημιούργησε το Μεγάλο Σχίσμα ανάμεσα στην Προτεσταντική και την Καθολική εκκλησία, το οποίο ευτυχώς μείωσε την εξωφρενική δύναμη που είχε αποκτήσει η Καθολική Εκκλησία εκείνον τον καιρό.

Έτσι και τότε, ολοκληρωτικές και αντι-ελεύθερες χώρες, όπως η Γαλλία, επιχείρησαν να φιμώσουν τα Φιλελεύθερα κινήματα με αιματηρές σφαγές, όπως εκείνη στον Άγιο Βαρθολομαίο, όπου χιλιάδες Προτεστάντες σφαγιάστηκαν με διαταγή της κυβέρνησης. Ακόμη κι εκείνον τον καιρό, μεροληπτούσαν εναντίον των ρεβιζιονιστών, που όμως ήταν θρησκευόμενοι. Εάν τολμούσαν να σκεφτούν διαφορετικά από την πολιτικά ορθή Καθολική πλειοψηφία, η Γαλλική κυβέρνηση έλεγε: «Σκοτώστε τους, αλλά σιγουρευτείτε ότι τους σκοτώσατε όλους». Έχει αποτελέσει μια μακρά παράδοση, και εν τούτοις σήμερα, ορισμένοι άνθρωποι είναι ακόμη περήφανοι που είναι Γάλλοι.

Η ίδια η πράξη του να έχουμε τη δυνατότητα να τυπώνουμε νέες και αμφιλεγόμενες ιδέες που αμφισβητούσαν τις καθιερωμένες αρχές ήταν μια επανάσταση γιατί επέτρεπε σε μια σκέψη να ταξιδέψει περισσότερο από το στόμα στο αυτί. Μια ιδιοφυία, ένας οραματιστής ή επαναστάτης μπορούσε να μιλήσει σε μια μικρή ομάδα κάθε φορά, που σήμαινε ότι θα χρειάζονταν αιώνες για να έχουν οι νέες ιδέες τους επίδραση στην κοινωνία.

Αλλά, χάρη στην τυπογραφική πρέσα, ο κρίσιμος χρόνος για να επηρεάσουν σημαντικά την κοινωνία οι ιδέες τους ελαττώθηκε σε μόλις λίγα χρόνια. Να γιατί ο

Προτεσταντισμός εξαπλώθηκε τόσο γρήγορα.

Αν η τυπογραφική πρέσα υπήρχε την εποχή του Ιησού, δεν θα χρειάζονταν αιώνες για την εξάπλωση του Χριστιανισμού σ' ολόκληρη την Ευρώπη.

Τώρα, με το ίντερνετ, οι επαναστατικές ιδέες μπορούν να προσεγγιστούν άμεσα σε ολόκληρο τον πλανήτη, και τώρα e-books, ή ηλεκτρονικά βιβλία, είναι καθοδόν.

Ο Στέφεν Κινγκ πρόσφατα χρησιμοποίησε αυτή τη μέθοδο για να δημοσιεύσει το νέο του θρίλερ απευθείας στο ίντερνετ.

Οι εκδοτικοί οίκοι που βασίζονται στο χαρτί, είτε έχουν να κάνουν με εφημερίδες είτε με βιβλία, θα εξαφανιστούν σύντομα. Αυτό είναι καλό πράγμα για το περιβάλλον, εάν σκεφτεί κανείς ότι χιλιάδες δέντρα κόβονται καθημερινά μόνο για να εκτυπωθούν οι εφημερίδες τους, για να μην αναφέρουμε τους τόνους χημικών που χύνονται στα ποταμούς και στην ατμόσφαιρα για την λεύκανση του χαρτιού. Το χαρτί στη συνέχεια μαυρίζεται από μελάνι, που είναι εξίσου χημικό και μολυντικό.

Ακόμη αυτά είναι καλά νέα για τα παιδιά του σχολείου που οι πλάτες τους θα υποφέρουν λιγότερο, γιατί θα χρειάζεται μόνο να μεταφέρουν ένα e-book στο μέγεθος ενός υπολογιστή τσέπης που θα περιέχει όλη τη διδακτέα ύλη του χρόνου, αντί μια μεγάλη τσάντα γεμάτη βιβλία. Και αυτό, φυσικά, αν συνεχίσουν να πηγαίνουν σχολείο, Ακόμη και αυτό το ίδρυμα θα γίνει περιττό, αφού το ίντερνετ θα επιτρέπει στα παιδιά να μένουν σπίτι και να μελετούν από το δικό τους προσωπικό τερματικό. Θα διδάσκονται online από τους καλύτερους δασκάλους στον κόσμο, με την πιο πρόσφατη βάση δεδομένων γνώσης, που θα αναβαθμίζεται (update) σε εβδομαδιαία βάση για να συμβαδίζει με τον επιταχυνόμενο ρυθμό των ανακαλύψεων. Τέλος, προς όφελος όλων των ασθενών, θα είμαστε ικανοί να διασφαλίσουμε ότι οι φοιτητές ιατρικής δεν μαθαίνουν πλέον δεδομένα που είναι δέκα χρόνια πίσω, όπως συμβαίνει σήμερα. Και αυτό, βέβαια, αν συνεχίσουμε να έχουμε γιατρούς, αφού τα ρομπότ, οι Η/Υ και η νανοτεχνολογία θα τους αντικαταστήσουν μια μέρα.

Η νεότερη γενιά περνά περισσότερο χρόνο στο ίντερνετ παρά στη λειτουργία του πρωινού της Κυριακής, και όλοι οι νέοι, εκτός από εκείνους σε οικογένειες όπου η γονική εξουσία τους αναγκάζει να πάνε στην λειτουργία, προτιμούν να κάθονται μπροστά στους υπολογιστές τους.

Και έχουν πολύ δίκιο να το κάνουν αυτό, γιατί το ίντερνετ είναι μια πολύ πιο θρησκευτική εμπειρία από κάθε λειτουργία, την σήμερον ημέρα!

Χάρη στη μικρή τους οθόνη, είναι συνδεδεμένοι με όλη την ανθρωπότητα, χωρίς καμιά διάκριση φυλής ή θρησκείας. Τίποτα δεν ενώνει την ανθρωπότητα περισσότερο από το ίντερνετ.

Ένας νεαρός Αμερικάνος μπορεί να μιλήσει απευθείας με ένα νεαρό Ρώσο ή Κινέζο και να δουν από πρώτο χέρι αν η πολιτική πλύση εγκεφάλου που τα δικά τους ΜΜΕ αναμασούν είναι αληθινή ή όχι. Συνήθως, θα ανακαλύψουν πως δεν είναι. Το ίντερνετ είναι. Ως εκ τούτου, ένα όργανο παγκόσμιας ειρήνης. Πριν που δεν υπήρχε το ίντερνετ, τα ΜΜΕ μπορούσαν να εξαπατούν τους νέους ανθρώπους ώστε να σκέφτονται ότι ο καθένας που βρισκόταν στην άλλη πλευρά του βουνού ήταν βάρβαρος, αλλά αυτός ο τύπος προπαγάνδας δεν περνά πλέον. Τώρα τα παιδιά μπορούν να το τσεκάρουν στο δίκτυο...

Τα διεθνή πολιτικά ΜΜΕ δεν μπορούν πλέον να συνεχίζουν να προγραμματίζουν έτσι τον κόσμο. Οι άνθρωποι μπορούν να μιλήσουν με τους κατοίκους αυτών των «εχθρικών» χωρών σε chat rooms και να τους ρωτήσουν εάν αυτά που λένε τα ΜΜΕ είναι αλήθεια ή όχι.

Η λέξη religion (θρησκεία) προέρχεται από την

λατινική λέξη «religere» που σημαίνει συνδέω. Τίποτα δεν συνδέει την ανθρωπότητα περισσότερο από το ίντερνετ.

Οι κυβερνήσεις το ξέρουν αυτό, γι αυτό είναι που μερικές χώρες προσπαθούν να περιορίσουν ή να ελέγξουν την πρόσβαση στο ίντερνετ.

Αλλά, όσο και να προσπαθούν οι κυβερνήσεις να το μπλοκάρουν, δεν θα μπορέσουν να αντισταθούν στο παλιρροιακό κύμα των πληροφοριών.

Αυτή τη στιγμή, μια τεράστια συλλογική συνείδηση αρχίζει να σχηματίζεται και το ίντερνετ είναι σαν τους ηλεκτρικούς παλμούς που συνδέουν τους νευρώνες. Είμαστε όλοι νευρώνες ενός τεράστιου μυαλού που ονομάζεται Ανθρωπότητα, και το ίντερνετ είναι το μήνυμα που ρέει μεταξύ μας. Ο «Νέος Άνθρωπος» είναι όπως το σήμα που ρέει μεταξύ νευρώνων.

Κάθε μέρα, εκατομμύρια ανθρώπινα όντα «κοινωνούν» online σε μια γιγαντιαία συλλογική «λειτουργία» στο παγκόσμιο δίκτυο.

Η νεότερη γενιά που μεγαλώνει μ' αυτή την τεχνολογία, είναι πολύ πιο συνδεδεμένη με τον υπόλοιπο πλανήτη, απ ότι είναι οι παλιότερες γενιές. Η παγκόσμια συνείδησή τους είναι πολύ πιο ανώτερη από αυτή των ενηλίκων. Ξέρουν ότι μπορούν να συνδεθούν με οποιοδήποτε μέρος του πλανήτη μόνο με το κλικ ενός ποντικιού.

ΝΑΝΟ-ΤΕΧΝΟΛΟΓΙΑ: ΤΟ ΤΕΛΟΣ ΤΩΝ ΧΡΗΜΑΤΩΝ ΚΑΙ ΤΟΥ ΜΟΧΘΟΥ

Πολύ σύντομα, οι δυνατότητες του ανθρώπινου μυαλού θα ξεπεραστούν από τις δυνατότητες των Η/Υ.

Ήδη, ακόμη και οι πιο ευφυείς μαθηματικοί δεν μπορούν να υπολογίσουν τόσο γρήγορα όσο οι σύγχρονοι Η/Υ και το ίδιο ισχύει και για τη μνήμη. Κανένας δεν μπορεί να ανακαλέσει τόσες πολλές πληροφορίες με τέτοια ακρίβεια.

Καθώς η τεχνητή νοημοσύνη και τα νευρωνικά κομπιούτερς αναπτύσσονται, οι ικανότητες των κομπιούτερ, συμπεριλαμβανομένης της δημιουργικότητας και της προσαρμογής σε νέα περιβάλλοντα, θα γίνουν άπειρα μεγαλύτερες από εκείνες των ανθρώπινων μυαλών.

Το πρώτο πλεονέκτημα που θα επιφέρει στην ανθρωπότητα αυτή η τεχνητή νοημοσύνη θα είναι η αντικατάσταση ενός αφάνταστου αριθμού στενόμυαλων αξιωματούχων και αντιπαραγωγικών υπαλλήλων.

Θα έρθουν τα πάνω κάτω σε ολόκληρη την κοινωνικο-οικονομική δομή. Σε σύντομο χρονικό διάστημα, αυτό θα οδηγήσει σε μια κολοσσιαία μείωση φόρων και μια ανάπτυξη της οικονομίας άνευ προηγουμένου στην ιστορία της ανθρωπότητας.

Τότε, η νανοτεχνολογία θα εμφανιστεί στο προσκήνιο, η οποία θα αντικαταστήσει εντελώς την ανθρώπινη εργασία σ' όλους τους τομείς από την βιομηχανία έως τη γεωργία.

Η χρήση μικροσκοπικών ρομπότ που θα δουλεύουν στο μοριακό επίπεδο, θα μας επιτρέψει να εξορύσσουμε και να αποσπούμε ορυκτά χωρίς τη χρησιμοποίηση εργατών ορυχείων, να επεξεργαζόμαστε τα μεταλλεύματα σε εργοστάσια χωρίς τη χρησιμοποίηση εργατών, να μετατρέπουμε βασικά χημικά στοιχεία σε λαχανικά ή γαλακτοκομικά προϊόντα σε φάρμες χωρίς τη χρησιμοποίηση αγροτών και ακόμη χωρίς την διαδικασία καλλιέργειας σοδειών ή την εκτροφή ζωντανών.

Αυτά τα νανομπότς (νανο-ρομπότ) θα παράγουν ό, τι χρειαζόμαστε δουλεύοντας άμεσα μέσα στο απείρως μικρό και συναρμολογώντας τα απαιτούμενα άτομα και μόρια.

Αν, για παράδειγμα, χρειαζόμαστε σίδηρο, το μόνο που χρειάζεται να κάνουμε, είναι να εισάγουμε δισεκατομμύρια νανομπότς στο έδαφος, για να εξάγουν τα ορυκτά για μας.

Τότε, το μετάλλευμα θα μεταφέρεται αυτόματα στο εργοστάσιο και θα εισάγεται σε μια κομπιουτεροποιημένη μηχανή όπου τα νανομπότ είναι προγραμματισμένα να διυλίζουν το μετάλλευμα για να φτιάξουν καθαρό σίδηρο.

Αν, για παράδειγμα, χρειαζόμαστε βαμβάκι, η ακριβής χημική σύνθεση της καλύτερης ποιότητας βαμβακιού θα προγραμματίζεται στο κομπιούτερ, και τα βασικά στοιχεία και χημικά που βρίσκονται στο βαμβάκι θα εισάγονται στη μηχανή. Τότε το κομπιούτερ θα καθοδηγεί δισεκατομμύρια νανομπότ να τα μετατρέψουν όλα σε τέλειο βαμβάκι.

Αν θέλουμε κοτόπουλο, τότε το μόνο που θα είχαμε να κάνουμε θα ήταν να εισάγουμε τα χημικά που αποτελούν το κρέας του κοτόπουλου σε μια άλλη μηχανή, και θα παίρναμε νόστιμο και τέλειας ποιότητας κρέας κοτόπουλου. Επιπρόσθετα, θα ήταν η ακριβής σύνθεση του καλύτερου κοτόπουλου που τρέφεται με καλαμπόκι, χωρίς πρόσθετες ουσίες, ορμόνες ή παρασιτοκτόνα. Το ίδιο θα ίσχυε για τα ψάρια, τα κρέατα, τα φρούτα, τα λαχανικά, και οποιοδήποτε άλλο τρόφιμο.

Κάθε φαγώσιμο προϊόν έχει τη δική του συγκεκριμένη χημική σύνθεση, και αν αυτή δοθείς στα νανομπότς, αυτά θα μπορούσαν να την «κτίζουν» χημικά με επιδέξια μεταχείριση ατόμων και μορίων.

Και δεν θα υπήρχε ανάγκη για εργοστάσια που να φτιάχνουν αυτά τα νανο-ρομπότ, γιατί είναι έτοιμα και ικανά να αυτο- αναπαράγονται, δηλαδή ικανά να κάνουν αντίγραφα του εαυτού τους χωρίς ανθρώπινη επέμβαση.

Θα μπορούσαμε να φανταστούμε ολόκληρο τον κόσμο καλυμμένο με τα νανομπότ που μετατρέπουν το απείρως ελάχιστο προς όφελός μας γιατί δεν χρειάζονται ειδικούς χώρους εργασίας ή στέγασης. Θα μπορούσαν να είναι παντού, καθαρίζοντας ποταμούς, καθαρίζοντας αιώνες συσσωρευμένης ρύπανσης,... και τα πολλά λάθη μας του παρελθόντος.

Η εξαφάνιση της εργασίας για τους ανθρώπους θα αναγκάσει, φυσικά, την κοινωνία να διαφοροποιήσει εντελώς την οικονομική και κοινωνική της δομή. Την στιγμή που δεν θα χρειαζόμαστε πια τον ανθρώπινο μόχθο, οι εργάτες, οι κτηνοτρόφοι, και χιλιάδες άλλοι άνθρωποι θα βρεθούν ξαφνικά χωρίς δουλειά, και συνεπώς και χωρίς χρηματικούς πόρους. Στην καπιταλιστική ζούγκλα που ζούμε την τωρινή εποχή, αυτό θα καταδικάσει την τεράστια πλειοψηφία της ανθρωπότητας στην πείνα και τη μιζέρια. Αυτό είναι βεβαίως, απαράδεκτο.

Όπως έκαναν και οι Ελοχείμ στον πλανήτη τους, θα χρειαστεί να βρούμε έναν τρόπο, έτσι ώστε κάθε άνθρωπος να δικαιούται να λαμβάνει ένα είδος ελάχιστου μισθού που θα του επιτρέπει να ζει αξιοπρεπώς και βασικές απολαύσεις σε ολόκληρη τη ζωή του, από τη γέννηση μέχρι το θάνατο (αν πεθάνει ποτέ!). Αυτό θα πρέπει να περικλείει τουλάχιστον τα βασικά για στέγαση, φαγητό, ρούχα, και διασκέδαση.

Όταν όλες οι δουλειές θα γίνονται τελικά από νανομπότ, Η/Υ και άλλα βιολογικά ρομπότ, τότε αυτή θα είναι η μεγαλύτερη απελευθέρωση στην ιστορία της ανθρωπότητας.

Αυτό δεν έχει τίποτα να κάνει με τον κομουνισμό, που προσπάθησε να κάνει όλους τους ανθρώπους εργάτες και ανάγκασε όλους τους εργάτες να είναι ίσοι. Ίσοι στην δυστυχία θα μπορούσε να πει κανείς!

Η νέα κοινωνία χωρίς εργασία, αντίθετα, θα επιτρέψει την ισότητα στην ευχαρίστηση, και την άνθιση ανάμεσα σε όλους.

Αφού κανένας δεν θα χρειάζεται να δουλεύει, τα χρήματα όπως τα ξέρουμε θα εξαφανιστούν. Μπορούμε να δούμε ότι αυτό έχει ήδη αρχίσει, καθώς τα μετρητά αντικαθίστανται από τις πιστωτικές κάρτες, με το κάθε άτομο να έχει μια συγκεκριμένη μηνιαία πίστωση, που μπορεί να χρησιμοποιήσει όπως θέλει.

Η νανο-τεχνολογία μπορεί να λύσει όλα τα προβλήματά μας, όπως αυτά της στέγασης και του φαγητού.

Μπορεί να σχεδιαστεί ζωντανή στέγαση, συγχωνεύοντας βιολογία, ηλεκτρονικά και νανο-τεχνολογία. Τα νανομπότ θα μπορούσαν εύκολα να κατασκευάσουν τεράστια κτίρια που θα στεγάζουν εκατομμύρια ανθρώπους, χωρίς την ανάγκη ανθρώπινης εργασίας. Ακόμα και ο καθαρισμός και η συντήρηση τέτοιων κτιρίων μπορεί να εξασφαλιστεί από τα νανομπότ.

Για το φαγητό, μπορούμε εύκολα να φανταστούμε πως το κάθε διαμέρισμα τροφοδοτείται όχι μόνο με νερό βρύσης όπως ήδη έχουμε, αλλά επίσης και από μια συνεχή παροχή βασικής ύλης που θα μπορούσε να ταΐζει μηχανές οι οποίες θα μπορούσαν αμέσως να δημιουργήσουν το φαγητό της επιλογής μας. Όπως είδαμε και προηγουμένως, αυτή η βασική ύλη, θα ήταν η ίδια είτε μετατραπεί σε μπούτι κοτόπουλου, ή ένα φύλο σαλάτας. Είναι απλά η μοριακή διαμόρφωση, όπως υπολογίζεται από τις μηχανές, που διαφέρει. Το ίδιο ισχύει για το χαβιάρι, ή το «φουα-γκρα». Δεν θα είναι πλέον αποκλειστικό προνόμιο πλουσίων ορισμένα φαγητά, αφού θα είναι απλά θέμα μοριακής διαμόρφωσης. Το ίδιο βασικό υλικό μπορεί να φτιάξει τα πάντα από μια απλή φέτα ψωμιού έως το πιο εξωτικό φαγητό.

Τέτοια τεχνολογία θα δώσει επίσης σ' όλους τους ανθρώπους ίση πρόσβαση στην ευχαρίστηση και την διασκέδαση, μέσω της εικονικής πραγματικότητας, για να μην αναφέρουμε την επικείμενη άφιξη ηλεκτρονικών ναρκωτικών που θα επιτρέψουν στους ανθρώπους να πειραματίζονται με αφάνταστες ευχαριστήσεις χωρίς τους κινδύνους για την υγεία των χημικών ναρκωτικών.

Ακόμη, όλοι θα μπορούν να υπηρετούνται σωματικά από ένα –ή πολλά βιολογικά ρομπότ. Θα μπορούσες να διαλέξεις την ακριβή τους εμφάνιση και θα μπορούσαν επίσης να λειτουργούν ως σεξουαλικοί σύντροφοι.

Όταν όλοι θα έχουν δικαίωμα στο ίδιο σπίτι, τα ίδια κοινωνικά πλεονεκτήματα, το ίδιο φαγητό, τα ίδια βιολογικά ρομπότ υπηρέτες, και τους ίδιους ιδανικούς σεξουαλικούς συντρόφους, βιολογικούς ή εικονικής πραγματικότητας, τότε δεν θα υπάρχει πια ζήλια που να προκαλεί τη βία μεταξύ των ανθρώπων.

Έτσι θα γεννηθεί ένας κόσμος ασύγκριτης αγάπης και αδελφοσύνης. Ο καθένας θα μπορούσε να απολαμβάνει την δημιουργία των δικών του αυθεντικών έργων τέχνης. Και αφού δεν θα μπορούν να πωληθούν σ' ένα κόσμο χωρίς λεφτά, θα δοθούν σε αυτούς που αγαπούμε.

Αφού οι άνθρωποι δεν θα χρειάζονται πλέον να δουλεύουν, μπορούν να απολαμβάνουν μια ύπαρξη βασισμένη στην ευχαρίστηση και την πληρότητα.

Αυτοί που επιθυμούν να κάνουν επιστημονική έρευνα ή καλλιτεχνική δημιουργία μπορούν να το κάνουν, αλλά όχι για να «κερδίσουν το ψωμί τους χάνοντας έτσι τη ζωή τους», αλλά καθαρά για την ευχαρίστηση του να το κάνουν.

Αν οι επιστημονικές ανακαλύψεις και οι καλλιτεχνικές δημιουργίες αμείβονται με έξτρα πλεονεκτήματα όπως μεγαλύτερα ατομικά σπίτια, μεγαλύτερα διαμερίσματα, διαφορετικές συνοικίες, πρόσβαση σε διαπλανητικά ταξίδια ή αιώνια ζωή μέσω του κλωνοποίησης μετά το θάνατο, αυτό μπορεί να είναι μόνο ευεργετικό καθώς θα δίνει κίνητρα στον πληθυσμό να υπηρετεί τη συλλογική ομάδα αποφεύγοντας τα λάθη του κομουνισμού που, όπως η ιστορία μας έδειξε, αποστειρώνει κάθε πρόοδο.

Σε μια τέτοια κοινωνία, τα νοσοκομεία θα είναι σχεδόν πλεονασμός αφού η νανο-τεχνολογία και η κλωνοποίηση, θα μας επιτρέπουν να επιδιορθώνουμε τα ανθρώπινα όντα μέσα στο όριο της ζωής τους των 700 με 900 χρόνων περίπου.

Τα σχολεία και τα πανεπιστήμια επίσης θα καταστούν εντελώς άχρηστα αφού τα παιδιά είτε θα μπορούν να εκπαιδεύονται με καθοδήγηση υποβοηθούμενη από Η/Υ χρησιμοποιώντας εικονική πραγματικότητα που θα τους επιτρέπει να επωφελούνται από διδασκαλίες των καλύτερων καθηγητών στον κόσμο, ή θα λαμβάνουν ηλεκτρονικά εμφυτεύματα τα οποία θα τους επικοινωνούν την απαιτούμενη γνώση και όποτε την χρειάζονται.

Οι γονείς δεν θα είναι πλέον απασχολημένοι στη δουλειά, και έτσι θα μπορούν να αφιερώνουν τον χρόνο τους στην ανάπτυξη της φαντασίας των παιδιών τους, αντί να τους μαθαίνουν πως να μνημονεύουν γεγονότα, που έτσι κι αλλιώς σύντομα θα είναι ξεπερασμένα, καθώς η επιστήμη συνεχώς επιταχύνει την πρόοδό της. Οι γονείς μπορούν επίσης καλύτερα να διδάσκουν την αγάπη και την αφοσίωση στην κοινωνία, ενώ θα απολαμβάνουν τα πραγματικά και τα εικονικής πραγματικότητας παιχνίδια και αθλήματα στο σπίτι με τα παιδιά τους.

Ο αριθμός των παιδιών σ' αυτή την μελλοντική κοινωνία θα είναι περιορισμένος έτσι κι αλλιώς, αφού ο κάθε άνθρωπος θα έχει να επιλέξει μεταξύ του να παρατείνει τη δική του ζωή και του να έχει παιδιά, έτσι ώστε να αποφευχθεί ο υπερπληθυσμός. Εκείνοι που αναπαράγονται θα πρέπει να αποδεχτούν μιαν θνητή διάρκεια ζωής, εκτός αν εξαιρεθούν από μια ειδική επιτροπή που θα αποφασίζει, σε μια «τελική κρίση», ποιος θα δικαιούται, με βάση τις πράξεις του κατά τη διάρκεια της ζωής του, το προνόμιο του να γίνει αιώνιος.

Το έγκλημα επίσης θα εξαφανιστεί σχεδόν παντελώς, το οποίο θα κάνει τις φυλακές περιττές. Αυτό θα γίνει δυνατόν με τον εντοπισμό και την διόρθωση των γενετικών λαθών που έχουν σαν αποτέλεσμα την βίαια και αντικοινωνική συμπεριφορά, και στη συνέχεια με την ανάπτυξη μιας εκπαίδευσης βασισμένης στην μη -βία και τον σεβασμό για τους άλλους, και τελικώς με την εξάλειψη της πείνας και της κοινωνικής ανισότητας.

ΕΞΕΡΕΥΝΗΣΗ ΤΟΥ ΔΙΑΣΤΗΜΑΤΟΣ: ΑΚΟΜΑ ΕΝΑ ΜΟΙΡΑΙΟ ΠΛΗΓΜΑ ΣΤΟ ΜΥΘΟ ΤΟΥ ΘΕΟΥ

Οι πρώτοι επιστήμονες που αμφισβήτησαν τα Ιουδαιο-Χριστιανικά βασισμένα πρότυπα και πιστεύω ότι η Γη ήταν επίπεδη και το κέντρο του σύμπαντος, με τον ήλιο και τα αστέρια να είναι απλά όμορφες διακοσμήσεις για να φωτίζουν τα βράδια μας, σίγουρα έζησαν άγριες καταστάσεις. Πολλοί κατέληξαν στο τραπέζι των βασανιστηρίων ή κάηκαν ζωντανοί στον πάσσαλο.

Παρόλο που ο Γαλιλαίος και ο Κοπέρνικος κατάφεραν να αποφύγουν τέτοια τύχη, υποκύπτοντας στις υπαγορεύσεις του πάπα, που απαγόρευαν την αμφισβήτηση της μάζας των αντιφάσεων που συσσωρεύτηκαν μέσα στην εκκλησία (τις οποίες ο Πάπας ποτέ δεν μπορούσε να αναγνωρίσει αφού υποτίθεται ότι ήταν αλάνθαστος), γενναιότερες προσωπικότητες, όπως ο Τζορντάνο Μπρούνο δεν μπορούσαν να αποδεχτούν τέτοιες αντιφάσεις και κάηκαν ζωντανοί γι αυτό! Είναι σ' αυτούς που το βιβλίο αυτό είναι αφιερωμένο και σ' όλους εκείνους που προτίμησαν την Αλήθεια από τα ψέματα, που υπερασπίστηκαν την Επιστήμη όταν βρέθηκαν αντιμέτωποι με τον σκοταδισμό, και που κράτησαν την ατομικότητά και την συνειδητότητά τους παρά να ακολουθήσουν το κοπάδι και τους μοχθηρούς βοσκούς του.

Κατά σύμπτωση, είναι ενδιαφέρον να αναφέρουμε ότι η Καθολική εκκλησία συνεχίζει να διδάσκει ότι ο Πάπας είναι αλάθητος, παρόλο που η ιστορία αποδεικνύει ότι πάντα σχεδόν ήταν λάθος.

Στην πραγματικότητα, το καλύτερο παράδειγμα αυτού είναι η καταδίκη από τον Πάπα του Κοπέρνικο και του Γαλιλαίο. Αυτή η πράξη αποδεικνύει ότι ο Πάπας έκανε λάθος, άρα δεν είναι αλάθητος, αλλά κανείς δεν μιλά γι αυτό. Η αναγνώριση από την Εκκλησία του λάθους της μερικούς αιώνες μετά από το γεγονός είναι πολύ λίγη και πολύ καθυστερημένη. Έπρεπε να περιμένουμε μέχρι τον 20ο αιώνα για να τους το βγάλουμε με το τσιγκέλι!!. Γιατί δεν μπορούσαν να έχουν την διανοητική ειλικρίνεια να παραδεχτούν ότι ο Πάπας δεν είναι αλάθητος; Θα μπορούσαν να είχαν πει, «ναι, αυτό αποδεικνύει ότι ο Πάπας δεν είναι αλάθητος και από τώρα και στο εξής θα σταματήσουμε να προσποιούμαστε ότι είναι». Αλλά αντίθετα, αναγνώρισαν το γεγονός ότι έκανε λάθος, ακόμη ισχυριζόμενοι ότι υποθετικά είναι αλάθητος! Όταν κάνουμε ένα λάθος, δεν μπορούμε πλέον να ισχυριζόμαστε ότι είμαστε αλάθητοι, αλλιώς τα λόγια μας δεν έχουν νόημα. Αλάθητο σημαίνει ποτέ δεν κάνει λάθος. Και δεν υπάρχει κανένας που να μην κάνει λάθη, ούτε ακόμη και ο Πάπας, όπως έχει αποδείξει η επιστήμη τόσο ξεκάθαρα.

Και οι καταδίκες του Πάπα εναντίον της βιολογίας, της κλωνοποίησης και των γενετικών μεταλλάξεων θα ακολουθήσουν την ίδια τύχη.

Έχοντας ειπωθεί αυτό, η αντίθεση της Καθολικής Εκκλησίας σε κάθε επιστημονικό επίτευγμα είναι πολύ κατανοητή. Όπως η Βίβλος τόσο εύγλωττα αναφέρει: «Εμωράνθη πας άνθρωπος από γνώσεως», που είναι ακριβώς αυτό που οι θρησκευτικές δυνάμεις της Ρώμης πάντα ήθελαν. Η Καθολική Εκκλησία θέλει τους υπηκόους της να παραμένουν όσο το δυνατό μωροί και εύκολα ελεγχόμενοι, κι αυτό το επιτυγχάνει με το να τους στερεί την επιστημονική γνώση. Επειδή είναι μόνο στην απουσία της επιστήμης που μπορεί η εκκλησία να παραμένει στην εξουσία.

Η άρνηση του ότι η Γη είναι στρογγυλή και του ότι δεν είναι το κέντρο του σύμπαντος, μαζί με την επιθυμία να κρατηθεί η Βίβλος αποκλειστικά στην λατινική γλώσσα, μπορεί να συνοψιστεί σε μια φράση: «Πρέπει να εμποδίσουμε το κοινό να καταλάβει πάση θυσία, διαφορετικά η δύναμή μας θα εξαφανιστεί». Κατ' ακρίβεια, αυτό είναι που οι ανώτατοι επίσκοποι του Βατικανού γράφουν εδώ και πολύ καιρό.

Έχουμε δει πως η βιολογία, ο κλωνοποίηση και η ικανότητα να δημιουργούμε νέες μορφές ζωής, ακόμη και ανθρώπους, στο εργαστήριο προσφέρουν αδιάσειστα στοιχεία της ανυπαρξίας του «Θεού» και μιας ψυχής χωριστής από το σώμα. Τώρα επίσης, η διαστημική εξερεύνηση δίνει ακόμη ένα βαρύ χτύπημα εναντίον του θεϊσμού.

Μια φορά κι έναν καιρό, όταν όλοι πίστευαν ότι ο κόσμος ήταν επίπεδος και ήταν το κέντρο του σύμπαντος με τον ήλιο και τα αστέρια να γυρίζουν γύρω- γύρω, σαν υπήκοοι που πειθήνια θαυμάζουν τον βασιλιά τους, ήταν πολύ εύκολο να πιστεύουμε σ' ένα «Θεό» με μια άσπρη γενειάδα καλοσυνάτα καθισμένο σ' ένα σύννεφο, που δημιούργησε τα πάντα σε μια βδομάδα.

Αλλά τώρα ξέρουμε ότι ο κόσμος δεν είναι επίπεδος. Ξέρουμε επίσης ότι περιστρέφεται γύρω από τον άξονά του, και γύρω από τον ήλιο, που και αυτός περιστρέφεται γύρω από το κέντρο του γαλαξία μας. Και ξέρουμε ότι ο μικρός μας πλανήτης δεν είναι καν ο μεγαλύτερος στο δικό μας ηλιακό σύστημα, και ότι το ηλιακό μας σύστημα δεν είναι η περιοχή της πρωτεύουσας του γαλαξία μας, αλλά έξω στα προάστια, στην περιφέρεια της δράσης.

Επίσης ξέρουμε ότι το σύμπαν μας αποτελείται από έναν άπειρο αριθμό γαλαξιών.

Όπως ο Τζορντάνο Μπρούνο είπε, υπάρχει ένας άπειρος αριθμός από κατοικημένους πλανήτες όπως ο δικός μας. Και επειδή είπε αυτό, καταδικάστηκε σε θάνατο και κάηκε ζωντανός από το Βατικανό.

Έχουμε ελέγξει τα σύννεφα (οι άνθρωποι καθημερινά πάνε εκεί με αεροπλάνα), και ακόμη δεν είδαμε κανένα «Θεό» με άσπρα γένια να κάθεται πουθενά σ' αυτά.

Πήγαμε ακόμη πιο πέρα από τα σύννεφα στο φεγγάρι, αλλά ούτε εκεί βρέθηκε κανένας «Θεός» με άσπρα γένια.

Και τώρα, τα τηλεσκόπιά μας μπορούν να δουν ακόμη πιο μακρινά μέρη του σύμπαντος, αλλά ακόμη δεν εμφανίζεται πουθενά ένας «Θεός» με άσπρα γένια. Η εξερεύνηση του διαστήματος μαζί με τη βιολογία, μας βοηθά να καταστρέψουμε το μύθο του «Θεού», μια επικίνδυνη πίστη που είναι υπεύθυνη για τόσους πολλούς πολέμους, βασανιστήρια και εγκλήματα.

Σταδιακά, μια νέα σύλληψη όπως μας την παρείχαν οι Ελοχείμ, θα αναδυθεί: αυτή του Απείρου.

Το σύμπαν μας είναι άπειρο κι έτσι, δεν μπορεί να έχει κέντρο, διαφορετικά δεν θα ήταν άπειρο.

Απ' όποια κατεύθυνση και να το παρατηρήσουμε, το σύμπαν συνεχίζει για πάντα.

Επίσης συνεχίζει εντός του απείρως μικρού και του απείρως μεγάλου.

Το ίδιο ισχύει και για το άπειρο στο χρόνο, που ονομάζεται αιωνιότητα.

Τα πάντα στο σύμπαν υπήρχαν πάντοτε και θα συνεχίσουν παντοτινά να υπάρχουν είτε ως ύλη είτε ως ενέργεια. Τίποτα δεν μπορεί να προέλθει από το τίποτα. Το κάθε τι πρέπει να προέρχεται από κάτι.

Η πίστη σ' έναν υπερφυσικό «Θεό» που κατασκεύασε το σύμπαν από το τίποτα είναι εντελώς ηλίθια, αν όχι επικίνδυνη για την ανάπτυξη της ευφυίας των παιδιών.

Δεν είναι δυνατό να κάνουμε οτιδήποτε με το τίποτα. Τα πάντα αποτελούνται από κάτι.

Ακόμη και οι πρώτοι επιστήμονες επηρεάστηκαν από τα θρησκευτικά πιστεύω της εποχής τους. Για παράδειγμα, πίστευαν σ' ένα θεμελιώδες σωματίδιο που δεν μπορούσε να διαιρεθεί και που έφτιαχνε τα πάντα γύρω μας. Το ονόμαζαν το άτομο, από το ελληνικό άτομος που σημαίνει «αδιαίρετος». Από τότε όμως, ευτυχώς έχουμε ανακαλύψει ότι τα άτομα μπορούν να διαιρεθούν σε μικρότερα σωματίδια, που και αυτά αποτελούνται από μικρότερα σωματίδια, και ούτω καθ' εξής μέχρι το άπειρο.

Φυσικά όπως ήταν προβλεπόμενο, οι επιστήμονες της σημερινής εποχής που είναι κολλημένοι και περιορισμένοι από τέτοια πρωτόγονα θρησκευτικά πιστεύω συνεχίζουν να επαναλαμβάνουν το ίδιο λάθος που έγινε με το «άτομο». Κάθε φορά που ανακαλύπτουν ένα πιο μικρό σωματίδιο, νομίζουν ότι δεν μπορεί να υπάρχει τίποτα πιο μικρό...

Με τον ίδιο τρόπο, συνεχίζουν να ρυθμίζουν τα πιστεύω τους για το «μέγεθος» του σύμπαντος κάθε φορά που τα όργανα εξερεύνησής τους, τους επιτρέπουν να δουν πιο μακριά.

Κι όμως η λογική είναι τόσο απλή: τα πάντα αποτελούνται από κάτι. Τίποτα δεν γίνεται από το τίποτα. Αν κάτι αποτελείτο από το τίποτα, δεν θα υπήρχε.

Τίποτα δεν μπορεί να είναι πιο ξεκάθαρο.

Έτσι αυτό σημαίνει ότι κάθε φορά που ανακαλύπτουμε ένα μικρότερο σωματίδιο, ήδη ξέρουμε ότι αποτελείται από κάτι μικρότερο γιατί αν δεν αποτελείτο, τότε δεν θα υπήρχε – και ως εκ τούτου ούτε κι εμείς. Απλά, συντίθεται από κάτι μικρότερο που το τωρινό επίπεδο της επιστήμης δεν μπορεί να εντοπίσει. Τα ηλεκτρόνια υπήρχαν πριν ανακαλυφθεί το άτομο, αλλά οι επιστήμονες του τότε καιρού, δεν μπορούσαν να τα εντοπίσουν! Το ίδιο ισχύει και για τους μακρινούς γαλαξίες μας, όπως τα τηλεσκόπιά μας του ανοικτού διαστήματος φανέρωσαν πρόσφατα: ήταν πάντοτε εκεί, απλά δεν μπορούσαμε να τους δούμε προηγουμένως.

Αυτός ο απλός κανόνας ισχύει και για το απείρως μεγάλο. Το ηλιακό μας σύστημα είναι μέρος ενός γαλαξία, που κι αυτός είναι μέρος ενός σύμπαντος. Κι αυτό το σύμπαν δεν μπορεί να υπάρχει στο τίποτα. Είναι ένα σύμπαν ανάμεσα σε έναν άπειρο αριθμό συμπάντων, που όλα μαζί κάνουν κάτι μεγαλύτερο, που και αυτό είναι μέρος σε κάτι ακόμη πιο μεγάλο, και έτσι μέχρι το άπειρο.

Κάθε άλλη σκέψη είναι παράλογη. Τα πάντα πρέπει να αποτελούνται από κάτι. Είναι αδύνατο για κάτι να αποτελείται από τίποτε. Αν αποτελείτο από το τίποτα, θα υπήρχε πουθενά, και έτσι δεν θα υπήρχε. Για να υπάρχει πρέπει να είναι κάπου.

Δεν υπάρχει μέρος για να υπάρχει ένας «Θεός» με άσπρα γένια, που παρακολουθεί κάθε πράξη, κάθε ανθρώπου από τα έξι δισεκατομμύρια που κατοικούν τη Γη, χωρίς να λάβουμε υπόψη τους άλλους πλανήτες όπου άνθρωποι σαν εμάς επίσης ζουν μέσα στο άπειρο σύμπαν. Έτσι αυτός ο «Θεός», που υποτίθεται ότι δημιούργησε τα πάντα στο άπειρο, πρέπει να είναι ικανός να παρακολουθεί έναν άπειρο αριθμό πράξεων που έρχονται από έναν άπειρο αριθμό ζωντανών όντων, και να ακούει τον άπειρο αριθμό των προσευχών τους. Τι μνήμη και τι ικανότητα να συγκέντρωσης πρέπει να έχει αυτός ο «Θεός»!

Επιπλέον, αφού το σύμπαν είναι άπειρο, δεν μπορεί να έχει κέντρο. Ένα άπειρο σύμπαν δεν μπορεί να έχει μέση, διαφορετικά δεν θα ήταν άπειρο. Σε ένα τέτοιο σύμπαν, που θα μπορούσε να μένει ένας τέτοιος «Θεός»; Δεν γίνεται στο απώτερο άκρο ή στο μέσο, επειδή δεν υπάρχουν τέτοια μέρη σ' ένα άπειρο σύμπαν. Μερικοί άνθρωποι μπορεί να πουν ότι ο «Θεός» είναι παντού, αλλά σ' ένα άπειρο σύμπαν, το παντού είναι πολύ! Το να υπάρχει σ' έναν άπειρο αριθμό απείρως μικρών σωματιδίων, που και αυτά αποτελούνται από ακόμη μικρότερα σωματίδια και αυτό επ' άπειρον, και συγχρόνως να υπάρχει στον άπειρο αριθμό γαλαξιών και συμπάντων του απείρως μεγάλου, και την ίδια στιγμή να είναι ικανός να ακούει όλες τις προσευχές των έξι δισεκατομμυρίων ανθρώπων στη Γη, μαζί με τον άπειρο αριθμό των προσευχών άλλων ανθρώπων που κατοικούν σ' άλλους πλανήτες είναι εντελώς ανέφικτο για κάθε θεό – ακόμη κι αν είναι υπερφυσικός! Στην πραγματικότητα, αν κάποιος είναι παντού, τότε στην ουσία δεν είναι πουθενά. Και, αν ένας τέτοιος θεός επιθυμούσε να επέμβει σ' ένα συγκεκριμένο χώρο, δεν θα μπορούσε να επέμβει κάπου αλλού, αφού είναι πολύ δύσκολο να κάνει δύο πράγματα την ίδια στιγμή ενώ συγχρόνως ακούει έναν άπειρο αριθμό προσευχών που έρχονται από ανθρώπους...

Η Αλήθεια είναι πολύ πιο απλή: δεν υπάρχει «Θεός». Αλλά μήπως ο Νέος Άνθρωπος δεν θα έχει θρησκεία;

Οι Ελοχείμ έχουν θρησκεία, και είναι η ίδια που προτείνουν σε μας. Η θρησκεία τους είναι η επιστήμη, που ήδη γίνεται και η δική μας θρησκεία. Πρέπει όμως να αποσαφηνίσουμε την θρησκεία και την πνευματικότητα.

Ο Άνθρωπος χρειάζεται πνευματικότητα, όχι το «Θεό».

Ο Βουδισμός είναι μια αθεϊστική θρησκεία, κι έτσι δεν έχει θεό. Βασικά αφορά την προσωπική ανάπτυξη και την αίσθηση της ενότητας με τα πάντα. Αυτός ο τύπος πνευματικότητας, θα είναι η θρησκεία του μέλλοντος.

Θα είναι μια θρησκεία χωρίς θεό, όπου ο άνθρωπος θα νιώθει συνδεδεμένος με το απείρως μικρό, το απείρως μεγάλο, και το άπειρο στο χρόνο, δηλαδή την αιωνιότητα.

Οι Ελοχείμ μας προσέφεραν την θρησκεία τους σαν

ένα υπέροχο δώρο, και με αυτόν τον τρόπο μας επέτρεψαν να επωφεληθούμε από τα 25,000 χρόνια πνευματικής υπεροχής τους.

Η επιστήμη των Ελοχείμ είναι υπερβολικά προοδευμένη και μυστηριώδης για να την αντιληφθούμε ή να συλλάβουμε ακόμη και ένα μικρό τμήμα της. Αλλά όταν διαλογιζόμαστε και συνδεόμαστε με το άπειρο, είμαστε πνευματικά ίσοι με αυτούς.

Το άπειρο είναι ένα. Ανεξάρτητα αν είμαστε ένας πρωτόγονος άνθρωπος της λίθινης εποχής, ή ένας επιστήμονας Ελόχα, όταν εναρμονιζόμαστε με το άπειρο, είμαστε ένα στο ίδιο επίπεδο. Είμαστε μέρος του όλου, ενωμένοι με το όλο και νιώθουμε το όλο. Αυτό είναι το αυθεντικό νόημα της θρησκείας. Αυτή η λέξη (religion), προέρχεται από το Λατινικό religere, που σημαίνει «συνδέω».

Το να είσαι θρησκευόμενος (religious) είναι το να αισθάνεσαι ενωμένος με τα απειροελάχιστα σωματίδια που μας συνθέτουν, τα κύτταρά του κορμιού μας, με όλη την ζωή στην γη, φυτική ή ζωική, με όλους τους αδελφούς και αδελφές της ανθρωπότητας, με όλα τα άλλα όντα που κατοικούν στο απείρως μεγάλο σύμπαν, με όλα τα αστέρια και τους γαλαξίες, με τα τεράστια όντα που αποτελούνται από σωματίδια που εμείς αποκαλούμε γαλαξίες, με όλους όσους υπήρξαν και θα υπάρξουν, με Άπαντα με κεφαλαίο Α.

Είναι αυτή η υλική πνευματικότητα που είναι απαραίτητη για το Νέο Άνθρωπο.

Όσο περισσότερο ένας πολιτισμός είναι επιστημονικά προοδευμένος, τόσο πιο πολύ χρειάζεται πνευματικότητα.

Ωστόσο, δεν χρειάζεται μια πρωτόγονη πνευματικότητα, γεμάτη θεούς και δεισιδαιμονίες, αλλά μια πνευματικότητα που μας επιτρέπει να συνειδητοποιήσουμε την ενότητα του μυαλού και της ύλης.

Όπως είναι γραμμένο στη Θιβετιανή Βιβλίο των Νεκρών «το μυαλό και η ύλη είναι αιώνια ένα».

Η ευτυχία και η ολοκλήρωση δεν έρχονται από υλικά αντικείμενα, ανέσεις ή τα τελευταία αξεσουάρ. Ακόμη και η αιώνια ζωή δεν σου εξασφαλίζει την ευτυχία. Και το να ζεις για πάντα, δυστυχής, αποκομμένος από τους άλλους, και από το σύμπαν μπορεί να είναι το πιο απελπιστικό πράγμα...

Είναι μέσα από μια πνευματικότητα συνένωσης που ο Άνθρωπος μπορεί αληθινά να εκτιμήσει το προνόμιο της αιώνιας ζωής, χάρη στην επιστήμη, και να την απολαμβάνει για πάντα.

Αυτή είναι η θρησκεία του μέλλοντός μας. Παρόλο που μόλις γεννιέται, βλέπουμε όλο και περισσότερους ανθρώπους να εγκαταλείπουν τα μεσαιωνικά τους πιστεύω και να την ασπάζονται.

Είναι ένα μίγμα προσωπικής ανάπτυξης βασισμένο σε ανακαλύψεις της βιολογίας, της γενετικής, της οικολογίας, της αστρονομίας και ειδικά της νευρολογίας.

Είναι μια θρησκεία που κερδίζει σε δύναμη λόγω της ικανότητάς της να προβλέπει και να ενσωματώνει κάθε νέα επιστημονική ανακάλυψη, παρά πολεμώντας αυτές τις ανακαλύψεις όπως κάνει η Καθολική Εκκλησία, ή όπως κάνουν οι άλλες πρωτόγονες θρησκείες λόγω του φόβου τους ότι αυτές οι ανακαλύψεις θα τις αποδυναμώσουν.

Αυτές οι παλιές θρησκείες, που προέρχονται από ένα παρελθόν όπου διδασκόταν ότι η Γη ήταν επίπεδη υποστηριζόμενη από γίγαντες στο κέντρο του σύμπαντος, ότι η ευφυΐα εδρεύει στο στομάχι, και ότι έπρεπε να φοβόμαστε τον διάβολο και να λατρεύουμε έναν γενειοφόρο «Θεό» που ζει σε ένα άσπρο σύννεφο. Αυτές οι θρησκείες δεν αντιπροσωπεύουν πλέον τον μοντέρνο άνθρωπο.

Όσο ο Άνθρωπος παρέμενε βλάκας λόγω της

απαγόρευσης του να ερευνά και να γνωρίζει την επιστήμη και λόγω του εξαναγκασμού του σε τυφλή πίστη στη Βίβλο και τους ιερείς, ήταν εύκολο να ξεγελαστεί από αυτά τα παραμύθια. Τον έκαναν να τα δεχτεί ως την θρησκεία του που προσποιούταν ότι εξηγεί αυτό που δεν μπορούσε να εξηγήσει, συνήθως μέσω ιερών «μυστηρίων». Μ' αυτό τον τρόπο δεν υπήρχε ανάγκη να δοθεί καμιά εξήγηση.

Αλλά τώρα που τα πάντα μπορούν να γίνουν κατανοητά μέσω της επιστήμης, και τώρα που τα ψέματα και τα εγκλήματα των παλιών θρησκειών γίνονται ολοφάνερα, δεν μπορούμε πλέον να ξεγελαστούμε από τόσο βλακώδεις απαντήσεις. Ξαφνικά, συνειδητοποιούμε ότι οι παλιές θρησκείες αντέδρασαν εγκληματικά έναντι γενναίων επιστημόνων όπως ο Τζορντάνο Μπρούνο, που πλήρωσε με τη ζωή του, ο Γαλιλαίος, και άλλοι, όταν προσπάθησαν να τραβήξουν την ανθρωπότητα έξω από το ζοφερό αχούρι των πρωτόγονων πιστεύω που χρησιμοποιούσαν οι θρησκευτικές δυνάμεις για να σκλαβώνουν το λαό τους.

Ακόμη και τα πεντάχρονα παιδιά του σήμερα, δεν χάβουν αυτά που οι θεολόγοι και οι «έντιμοι άνδρες» των μεσαιωνικών χρόνων θεωρούσαν ως βιβλική αλήθεια. Ευτυχώς, παίζουν όλα με τους υπολογιστές τους αντί να πηγαίνουν στη «θεία» λειτουργία της Κυριακής.

ΓΙΑ ΜΙΑ ΗΛΕΚΤΡΟΝΙΚΗ ΔΗΜΟΚΡΑΤΙΑ

Είναι εντελώς γελοίο το ότι σε αυτή την ηλεκτρονική εποχή του e-mail, συνεχίζουμε να στέλνουμε τους ανθρώπους σε εκλογικά κέντρα στις εκλογές για να ψηφίσουν με χαρτί και τρυπημένες κάρτες.

Η εκλογική διαδικασία μπορεί τώρα να γίνεται μέσω του ίντερνετ. Επιπρόσθετα, το ίντερνετ θα φέρει την επανάσταση στη δημοκρατία. Μέχρι τώρα, το κοινό ψήφιζε για τα μέλη της Γερουσίας και τη Βουλή των αντιπροσώπων, που στη συνέχεια φτιάχνουν τους νόμους. Ακόμη, ο Πρόεδρος των Ηνωμένων Πολιτειών εκλέγεται από Σώμα Εκλεκτόρων, που κι αυτοί εκλέγονται από τη λαϊκή ψήφο. Όμως, χάρη στο ίντερνετ, μπορούμε να φανταστούμε άμεσες δημοκρατίες που προσπερνούν την ανάγκη για αυτούς τους νομοθέτες και τους εκλέκτορες.

Οι άνθρωποι θα μπορούν να πηγαίνουν σε μια Ιστοσελίδα που θα εμφανίζει τις τελευταίες πληροφορίες για παλαιούς νόμους που χρειάζονται αναθεώρηση ή βελτίωση, και νέους νόμους που χρειάζονται έγκριση. Η Ιστοσελίδα θα μπορεί να περιλαμβάνει την θέση κάθε κόμματος γι' αυτούς τους νόμους, καθώς και συνδέσμους για συμβουλές από ειδικούς στον κάθε τομέα. Και μετά, κάθε πολίτης θα μπορεί να ψηφίζει μέσω του ίντερνετ.

Η κυβέρνηση θα πρέπει να είναι έτοιμη να δεχτεί και να εφαρμόσει τις αποφάσεις του πληθυσμού.

Αυτή είναι μια πραγματικά άμεση δημοκρατία και είναι δυνατή χάρη στην τεχνολογία.

Αυτοί που ισχυρίζονται ότι αυτή η μέθοδος θα είναι ευάλωτη σε απάτες, δεν χρειάζεται να κοιτάξουν μακρύτερα από αυτό που γίνεται με τα «χάρτινα ψηφοδέλτια», όπου το ποσοστό της απάτης είναι ιδιαίτερα υψηλό.

Αντίθετα, όσο προοδεύει η ηλεκτρονική ταυτοποίηση, οι εκλογικές απάτες θα λιγοστέψουν στο ελάχιστο με την e-δημοκρατία.

Η αξιοπιστία της ασφάλειας ταυτότητας θα βελτιωθεί έως ότου γίνει σχεδόν αδιάβλητη λόγω της τεράστιας αγοράς του ηλεκτρονικού εμπορίου. Χάρη στην αγορά δισεκατομμυρίων δολαρίων, το e-εμπόριο είναι η καλύτερη μηχανή προόδου μιας τέτοιας ασφάλειας.

Αυτή τη στιγμή, παρόλο που οι συναλλαγές με πιστωτική κάρτα που γίνονται στο ίντερνετ είναι συχνά κωδικοποιημένες, και υπάρχουν μέθοδοι κρυπτογράφησής τους, υπάρχουν καλύτερες τεχνικές υπό μελέτη. Ψηφιακοί αναγνώστες δακτυλικών αποτυπωμάτων θα μπορούσαν να είναι διαθέσιμοι επιτρέποντας στους ανθρώπους απλά να βάζουν τον αντίχειρά τους στον σαρωτή, πριν στείλουν τη ψήφο τους. Βιντεοκάμερες θα μπορούσαν επίσης να είναι ενωμένες με τον Η/Υ και σε συνδυασμό με το νούμερο αναγνώρισης από τον πάροχο της σύνδεσης να εξασφαλίζουν ότι κάθε άτομο ψηφίζει μόνο μια φορά.

Σε μερικές χώρες, η συμμετοχή στις εκλογές είναι γελοιωδώς μικρή – μερικές φορές χαμηλή ως και 30 τοις εκατό. Εάν συνέβη το 30 τοις εκατό να ψήφισε υπέρ μιας πρότασης, ενώ το 70% που δεν ψήφισε ήταν εναντίον της, τότε αυτό σημαίνει ότι η μειοψηφία του 30% ενέκρινε την πρόταση. Με άλλα λόγια, το αποτέλεσμα δεν αντανακλά απαραίτητα την επιθυμία της πλειοψηφίας. Λέγοντας ότι η σιωπηλή πλειοψηφία έπρεπε να είχε ψηφίσει, δεν αλλάζουμε τα γεγονότα.

Όμως, χάρη σε μια άμεση ψήφο από το ίντερνετ, είναι ένα σίγουρο στοίχημα ότι τα επίπεδα συμμετοχής θα αυξηθούν γρήγορα, ειδικά αν οι άνθρωποι ενδιαφέρονται για τα θέματα υπό συζήτηση. Αυτό θα εξασφαλίσει μιαν πραγματική δημοκρατία από την οποία οι άνθρωποι θα έχουν μόνο κέρδος.

Η ΑΛΗΘΕΙΑ ΓΙΑ ΤΗΝ CLONAID.COM

Πριν τρία χρόνια περίπου, η Ντόλυ, το πρόβατο, κλωνοποιήθηκε. Αυτό που φαινόταν αδύνατο για τους περισσότερους ανθρώπους, τουλάχιστον για τις επόμενες δεκαετίες, και σύμφωνα με τους πιο απαισιόδοξους, για τους επόμενους αιώνες, έχει τελικά συμβεί.

Ήταν μια επανάσταση εν μια νυκτί, γιατί ξαφνικά οι ειδικοί συνειδητοποίησαν ότι εάν μπορούσαμε να το κάνουμε χρησιμοποιώντας θηλαστικά όπως ένα πρόβατο, τότε δεν υπήρχε κανένας λόγος που δεν θα μπορούσαμε να το κάναμε χρησιμοποιώντας θηλαστικά όπως οι άνθρωποι ακριβώς όπως είχα προβλέψει εδώ και 27 χρόνια.

Σύντομα μετά απ' αυτό το ιστορικό γεγονός, ο Πάπας ένιωσε την υποχρέωση να εξαγγείλει ότι είναι εναντίον της κλωνοποίησης. Ειρωνικά, δεν είχε επίγνωση ότι λέγοντας αυτό, αμφισβητούσε επίσης την ανάσταση του Χριστού, αφού οι Ελοχείμ χρησιμοποίησαν κλωνοποίηση για να αναστήσουν τον Ιησού (βλέπε Το Μήνυμα Που Δόθηκε Από Τους Εξωγήινους).

Αμέσως αποφάσισα να ιδρύσω μια εταιρεία με σκοπό να επιτύχει την πρώτη ανθρώπινη κλωνοποίηση, έτσι ώστε το θέμα να ειδωθεί σοβαρά. Αγόρασα μια υπεράκτια εταιρεία στις Μπαχάμες που ονομαζόταν Βαλιέντ Βεντούρες για μερικά δολάρια από μια Αμερικάνικη εταιρεία στο Σαν Φρανσίσκο, ειδική σε πωλήσεις έτοιμων, εμπορεύσιμων εταιρειών.

Αντίθετα με το παραλήρημα των ΜΜΕ που κάλυψαν το γεγονός, η πρόθεσή μου δεν ήταν ποτέ να κλωνοποιήσω ανθρώπους στις Μπαχάμες...

Απλά ήθελα να υπενθυμίσω στον κόσμο ότι αυτό είναι κάτι που πρόβλεψα εδώ και 27 χρόνια και ότι είναι κάτι καλό. Επίσης ήθελα να συνεισφέρω στην δημιουργία μιας ομάδας που θα κατόρθωνε αυτούς τους στόχους φέρνοντας κοντά επιστήμονες, επενδυτές και πιθανούς πελάτες μέσω της ιστοσελίδας του ίντερνετ, clonaid.com.

Για την ιστορία, μερικοί κακοπροαίρετοι (όπως πάντα) δημοσιογράφοι της Γαλλικής Κρατικής Τηλεόρασης ήταν τόσο σίγουροι ότι τα εργαστήριά μας ήταν στις Μπαχάμες, που επικοινώνησαν με την κυβέρνηση αυτής της μικρής χώρας. Ενοχλημένη απ' όλα αυτά, η κυβέρνηση των Μπαχάμες διέλυσε την εταιρεία. Φυσικά, αυτό δεν μας ενόχλησε καθόλου καθώς δεν ήταν παρά μόνο μια ταχυδρομική διεύθυνση.

Επενδυτές: Δείτε πόσο εύκολα η κυβέρνηση των Μπαχάμες μπορεί να διαλύσει μια εταιρεία που δεν είναι καν ενεργή στην επικράτειά της, και που ο στόχος της είναι απλά η «γενετική έρευνα», και μάλιστα χωρίς καν μια έρευνα, απλά βασισμένη στη λασπολογία ενός δημοσιογράφου. Αυτή είναι ενδιαφέρουσα συμπεριφορά για ένα νησί που ελπίζει να προσελκύσει υπεράκτιες εταιρείες, και μας λεει πολλά για τους νόμους του, και για την έλλειψη τους.

Η clonaid.com δούλευε τέλεια. Πρώτ' απ' όλα, για μια ελάχιστη επένδυση $3,000 σε δολάρια Η.Π.Α. μας έφερε δημοσιογραφική κάλυψη αξίας πέραν των $15 εκατομμυρίων... Ακόμη γελάω. Ακόμη κι αν το επιχείρημα σταματούσε εκεί, θα ήταν μια καθολική επιτυχία.

Αλλά δεν σταμάτησε εκεί. Σε μερικούς μόνο μήνες, και αυτό είναι το πιο ενδιαφέρον, είχαμε περισσότερους από 250 σοβαρούς δυνητικούς πελάτες. Με άλλα λόγια, 250 άνθρωποι ήταν έτοιμοι να πληρώσουν $200,000 για να κλωνοποιήσουν έναν άνθρωπο.

Οι περισσότεροι απ' αυτούς, περίπου 80%, ήταν στείρα ζευγάρια που είχαν εξαντλήσει όλες τις άλλες οδούς για να κάνουν ένα παιδί. Περίπου το 15 τοις εκατό ήταν ομοφυλόφιλα ζευγάρια, και οι υπόλοιποι ήταν εργένηδες.

Ένας μεγάλος αριθμός επιστημόνων επίσης επικοινώνησε μαζί μας, ζητώντας να παραμείνουν ανώνυμοι φοβούμενοι να μη χάσουν τη δουλειά τους ή κυβερνητικά επιδόματα, αναφέροντάς μας την υποστήριξή τους, την οποία δεν μπορούσαν να δημοσιοποιήσουν.

Η Brigitte Boisselier, ήδη Οδηγός (Ραελιανός ιερέας), είχε ήδη πολύ καιρό πριν δεχτεί την υπευθυνότητα να διευθύνει το εγχείρημα της Clonaid. Δεν είχε τίποτα να χάσει, αφού ήδη εξαναγκάσθηκε να καταφύγει στις Ηνωμένες Πολιτείες, από την Γαλλία προκειμένου να δραπετεύσει από την άνιση μεταχείριση που υπέφερε στην εκεί, λόγω του ότι ήταν μέλος της θρησκείας μας. Απολύθηκε από την Air Liquide, μια μεγάλη Γαλλική εταιρία, και έχασε την κηδεμονία του μικρότερου παιδιού της, για τον μοναδικό λόγο ότι είναι Ραελιανή.

Τώρα ψάχνουμε για έναν επενδυτή που θα προσφέρει τους απαραίτητους πόρους για να καλύψει το κόστος της εγκαθίδρυσης και λειτουργίας ενός εργαστηρίου ανθρώπινης κλωνοποίησης, μέχρι να έχει την πρώτη του επιτυχία.

Ήλπιζα να κρατήσω την πρώτη κλωνοποίηση για το άτομο που θα έφερνε τα περισσότερα χρήματα. Αυτή η αρχική επιτυχία θα επέτρεπε μετά σε αυτήν την υπηρεσία, να γίνει διαθέσιμη στο ευρύ κοινό σε πολύ χαμηλότερο κόστος.

Έτσι είχαν πάντοτε τα πράγματα. Οι πλούσιοι επωφελούνται πάντα πρώτοι από τις καινοτομίες. Αλλά, χάρη στην ψηλή τιμή που πληρώνουν, οι νέες ανακαλύψεις μπορούν να γίνουν μετά διαθέσιμες σε όλους με λιγότερα. Αρχικά, μόνο εκατομμυριούχοι μπορούσαν να έχουν τα πρώτα αυτοκίνητα, αλλά τώρα όλοι έχουν ένα. Το ίδιο ίσχυσε και για την τηλεόραση, τους Η/Υ, τα πλυντήρια, και όλα τα άλλα.

Επίσης ήλπιζα ότι ο πρώτος πελάτης θα ήταν μια ιδανική περίπτωση για να αιχμαλωτίσουμε την κοινή γνώμη, όπως ένα μικρό παιδί που είχε πεθάνει σαν αποτέλεσμα ατυχήματος.

Το καλοκαίρι του 2000, μια Αμερικανική οικογένεια επικοινώνησε με την Μπριζίτ με την παράκληση να κλωνοποιήσει το δέκα μηνών παιδί τους, που πέθανε λόγω ενός ιατρικού λάθους σε ένα Αμερικανικό νοσοκομείο.

Οι γονείς, που δεν είχαν κανένα οικονομικό πρόβλημα, ήταν έτοιμοι να παρέχουν στην Clonaid ότι χρειαζόταν.

Η ιδανική περίπτωση είχε επιτέλους εμφανισθεί.

Αμέσως ζήτησα από την Μπριζίτ να πάρει όλη την ευθύνη της επιχείρησης.

Ο ρόλος μου είχε τελειώσει. Είχα πετύχει να δημιουργήσω μια κατάσταση συνενώνοντας επενδυτές και επιστήμονες, τοποθετώντας την ίδια στιγμή, την Clonaid στο χάρτη των ΜΜΕ, όπως ήταν, ακριβώς στο κέντρο της συζήτησης για την κλωνοποίηση.

Οι πιθανότητες για να πετύχω έναν τέτοιο στόχο ήταν τόσο μικρές, που στην αρχή δεν υπολόγιζα καθόλου σε αυτό, και απλά ήμουν ευγνώμων για την δημοσιότητα που έφερνε. Αλλά τότε, ξαφνικά όλα άρχισαν να συμπίπτουν και ένα πραγματικό εργαστήριο κλωνοποίησης γεννήθηκε! Τι υπέροχο!

Από τότε, έχω επιστρέψει στα ηνία σαν πνευματικός ηγέτης του Ραελιανού Κινήματος, και δεν έχω καμιά υπευθυνότητα εντός του επιχειρήματος της Clonaid. Αλλά προχωράει μπροστά! Δεν ξέρω αν η ομάδα της Clonaid θα είναι η πρώτη που θα κλωνοποιήσει ανθρώπινο ον, αφού μάλλον είναι πιθανό να υπάρχουν ντουζίνες άλλα εργαστήρια που ήδη δουλεύουν κρυφά γι' αυτό το σκοπό. Αλλά τουλάχιστον συμμετέχουν στην κούρσα.

Συνάντησα τον πατέρα του μικρού αγοριού που μπορεί να κλωνοποιηθεί από την ομάδα της Μπριζίτ, και είναι εξαιρετικός άνθρωπος. Μου είπε: «Ξέρω πολύ καλά ότι αυτό το παιδί δεν θα είναι απαραίτητα πανομοιότυπο, αλλά θέλω να δώσω στον γενετικό του κώδικα μια δεύτερη ευκαιρία να εκφράσει τον εαυτό του». Έχει τόσο δίκιο και είναι άξιος θαυμασμού.

Η συμπεριφορά του δεν είναι εγωιστική, γιατί με το να χρηματοδοτεί την Clonaid για τον γιο του, μας βοηθά να τελειοποιήσουμε την τεχνική και ελπίζει μετά να είναι προσιτή για κάθε οικογένεια που βρίσκεται στην θέση του.

Κάποιος δεν μπορεί να πει ότι θα ήταν καλύτερα να κάνουν απλά ένα άλλο παιδί, γιατί αυτό ακριβώς είναι που κάνουν. Η μητέρα κυοφορεί ένα άλλο παιδί. Αλλά κι αυτή θέλει τον γενετικό κωδικό του πρώτου της παιδιού να έχει μια δεύτερη ευκαιρία να εκφράσει τον εαυτό του. Τι παράδειγμα για όλους μας. Δεν συμπεριφέρονται εγωιστικά για τον εαυτό τους, αλλά το κάνουν για το παιδί που του στερήθηκε η ευκαιρία να ζήσει. Δεν προσπαθούν να το αντικαταστήσουν, παρά του δίνουν ένα δώρο, ένα δώρο αγάπης.

Υπέβαλαν μήνυση στο νοσοκομείο που είναι υπεύθυνο για τον θάνατο του παιδιού τους, και θα δωρίσουν το μεγάλο χρηματικό ποσό που θα εισπράξουν για την κλωνοποίηση του παιδιού τους. Και έτσι, το νοσοκομείο που σκότωσε το παιδί τους θα πληρώσει για να του δώσει πίσω τη ζωή του. Τέλεια!

Από τώρα και στο εξής, δεν έχω καμιά υπευθυνότητα στην Clonaid, παρόλο που δεν μπορώ να αποφύγω το να θεωρούμαι ο πνευματικός της πατέρας. Και φυσικά, είμαι έτοιμος να είμαι ο ηθικός, φιλοσοφικός και θρησκευτικός αντιπρόσωπός της εάν χρειαστεί. Είναι σημαντικό οι άνθρωποι να ξέρουν ότι υπάρχουν και άλλα πνευματικά κινήματα, προσανατολισμένα στο μέλλον, και μπορούν ηγηθούν στο δρόμο, σε αντίθεση με τα επικρατώντα που έχουν τα κεφάλια τους θαμμένα στο παρελθόν, τα οποία κανένας δεν θέλει πλέον, έτσι κι αλλιώς.

Επίσης συνεχίζω να υποστηρίζω την Clonaid με το να «διαθέτω» τις 50 θετές μητέρες που απαιτούνται γι' αυτό το επιχείρημα. Το μόνο που έκανα ήταν να ρωτήσω ποια, ανάμεσα στα 55,000 μέλη μας, θα ήθελε να είναι μέρος αυτού του ιστορικού γεγονότος. Πάνω από εκατό Ραελιανές γυναίκες απ' όλες τις φυλές απάντησαν και εξέφρασαν τον ενθουσιασμό τους για την πιθανότητα να γίνουν μια από τις θετές μητέρες. Μέσα απ' αυτές, επιλέχθηκαν 50 που πληρούσαν τις προϋποθέσεις, και τον Σεπτέμβρη του 2000, παρουσιάσαμε πέντε απ' αυτές στα διεθνή ΜΜΕ, κατά τη διάρκεια μιας συνέντευξης τύπου.

Καθώς διαβάζετε αυτές τις γραμμές, το εργαστήριο έχει ήδη στηθεί κάπου στις Ηνωμένες Πολιτείες. Γιατί στις Ηνωμένες Πολιτείες; Επειδή η κλωνοποίηση δεν είναι παράνομη εκεί, και αν ένας νέος νόμος ισχύσει για να την απαγορέψει, οι γονείς του παιδιού είναι έτοιμοι να πάνε στο Ανώτατο Δικαστήριο με τους πιο λαμπρούς δικηγόρους της χώρας, και, όπως έγινε και στο παρελθόν με τα παιδιά του σωλήνα, σίγουρα θα κερδίσουν την υπόθεση απλά υπενθυμίζοντας στο δικαστήριο ότι το κάθε άτομο έχει το δικαίωμα να διαλέξει τον δικό του τρόπο αναπαραγωγής.

Αυτό είναι το πλεονέκτημα του να ζεις στην αληθινή χώρα της ατομικής ελευθερίας, τις ΗΠΑ.

Αν όλα πάνε καλά, μέχρι το τέλος του 2001 ή στις αρχές του 2002 το αργότερο, όλες οι τηλεοπτικές οθόνες στον κόσμο θα δείχνουν μια ευτυχισμένη οικογένεια με εξαιρετικά όμορφο χαμογελαστό μωρό, το πρώτο κλωνοποιημένο ανθρώπινο μωρό. Η παγκόσμια κοινή γνώμη αμέσως θα είναι υπέρ του, όπως συνέβη και με την Λουίζ Μπράουν, το πρώτο παιδί του σωλήνα, που έδιωξε τα φαντάσματα του τέρατος Φράνκενστάιν που όλοι φοβούνταν τόσο πολύ.

Τίποτα δεν μπορεί να αντισταθεί στο χαμόγελο ενός παιδιού, ειδικά αυτού του παιδιού. Είχα το προνόμιο να δω φωτογραφίες αυτού του παιδιού, και πιστέψτε με, το χαμόγελό του είναι τόσο εξαιρετικό που θα είναι δύσκολο για τις καρδιές ακόμα και των πιο λυσσαλέων αντιπάλων του κλωνοποίησης να μην λιώσουν όταν επιστρέψει στη ζωή.

Από τότε που πρωτο αποκαλύψαμε την αποφασιστικότητα της Clonaid να φέρει αυτό το δέκα μηνών αμερικανάκι πίσω στη ζωή, ο αριθμός των υποψήφιων πελατών μας πήδηξε από εκατοντάδες σε χιλιάδες. Χιλιάδες οικογένειες που έχασαν ένα παιδί σαν αποτέλεσμα ατυχήματος, ή που πέθανε, ή επρόκειτο να πεθάνει λόγω κάποιας ασθένειας, μας καλούσαν. Ήταν τόσοι πολλοί που η Clonaid δεν μπορούσε να απαντήσει σε όλους, και χρειάσθηκε να εγκαταστήσει μια μόνιμη γραμμή εξυπηρέτησης πελατών για τη διαχείριση των τηλεφωνημάτων.

Στην αρχή, το επιχείρημα σχεδίαζε να προσφέρει δύο υπηρεσίες: Την «Clonapet», για την κλωνοποίηση κατοικίδιων ή εκτρεφόμενων ζώων και την δεύτερη «Insuraclone», μια υπηρεσία που πρότεινε έναν ιδανικό και ασφαλή τρόπο διατήρησης ενός δείγματος κυττάρων από παιδιά, ή οποιονδήποτε, προκειμένου να είναι σε θέση να τους κλωνοποιήσει σε περίπτωση ατυχήματος ή αθεράπευτης ασθένειας. Αυτή η υπηρεσία έχει αυξανόμενη ζήτηση καθώς όλο και περισσότεροι γονείς επιθυμούν να διατηρήσουν κύτταρα των παιδιών τους σε τέλεια κατάσταση έτσι ώστε να κλωνοποιηθούν μόλις ανακαλυφθεί η θεραπεία για την γενετική τους ασθένεια.

ΒΙΟΛΟΓΙΚΑ ΡΟΜΠΟΤ

Η ρομποτοποίηση κερδίζει έδαφος σε ολόκληρο τον κόσμο, ελευθερώνοντας τους ανθρώπους από την υποχρέωση να δουλεύουν. Και ακόμη δεν έχετε δει τίποτα, γιατί σύντομα, δουλειά θα εξαφανιστεί εντελώς!

Οι πρόγονοί μας δούλευαν 12 ώρες την ημέρα, εφτά μέρες την εβδομάδα, 365 μέρες το χρόνο.

Μερικές χώρες, όπως η Γαλλία, μόλις υιοθέτησαν το 35ωρο την εβδομάδα, με έξι βδομάδες πληρωμένες διακοπές το χρόνο.

Κι αυτό είναι μόνο η αρχή...

Οι ώρες εργασίας θα συνεχίσουν να μειώνονται, μέχρι μια μέρα να εξαφανιστούν τελείως.

Ωστόσο, αυτό δεν σημαίνει ότι οι άνθρωποι δεν θα κάνουν τίποτα. Αντίθετα, θα μπορούν να κάνουν αυτό που πραγματικά απολαμβάνουν να κάνουν, όπως τέχνη, μουσική, εφευρέσεις, ή ίσως διαλογισμό, αθλήματα κτλ. Στην ουσία θα κάνουν τα πάντα που δεν κάνουν τα κομπιούτερς.

Προσέξτε δεν είπα τι «δεν μπορούν να κάνουν τα κομπιούτερ», αλλά μάλλον «αυτά που δεν κάνουν ή δεν θα κάνουν τα κομπιούτερ», επειδή οι Η/Υ θα γίνουν τελικά ικανοί να κάνουν οτιδήποτε κάνει ο άνθρωπος – μόνο που θα το κάνουν καλύτερα.

Παρόλα αυτά, εμείς θα αποφασίσουμε για το τι θέλουμε να κάνουμε εμείς και το τι θέλουμε τα κομπιούτερ να κάνουν για μας, γιατί θα είναι δημιουργήματά μας, και σαν δημιουργοί τους, θα τα σχεδιάσουμε για να μας υπηρετούν.

Θα μπορούμε να σχεδιάσουμε ρομπότ που δημιουργούν, που διαλογίζονται, που εφευρίσκουν, που διαπρέπουν στην τέχνη ή σε αθλήματα, αλλά θα θέλουμε να κρατήσουμε το προνόμιο του να κάνουμε αυτά τα πράγματα για τον εαυτό μας, επειδή απλά μας αρέσουν.

Αυτό είναι το κριτήριο. Εμείς, οι ίδιοι, είμαστε σχεδιασμένοι για ευχαρίστηση. Έτσι, θα δώσουμε όλες τις δουλειές που δεν απολαμβάνουμε να τις κάνουμε -όπως η αλυσίδα συναρμολόγησης, διαχείριση, και δουλειά γραφείου σε Η/Υ και ρομπότ. Και τότε, θα συνεχίσουμε να κάνουμε τη δουλειά που απολαμβάνουμε να κάνουμε μόνο και μόνο για την ευχαρίστηση, και όχι επειδή πρέπει να την κάνουμε για να κερδίσουμε τα προς το ζειν.

Τα ρομπότ του αύριο θα είναι εντελώς διαφορετικά από αυτά που φανταζόμαστε ως ρομπότ σήμερα. Μεταλλικά κουτιά όπως το R2D2 δεν είναι και τόσο ελκυστικά.

Όμως, ο γάμος της βιολογίας με την ρομποτική θα μας επιτρέψει να δημιουργήσουμε βιολογικά ρομπότ.

Είμαι σίγουρος πως θα συμφωνούσατε ότι παρά να έχουμε ένα μεταλλικό ρομπότ που μοιάζει με τενεκεδάκι σούπας, να σκουπίζει με την ηλεκτρική το σπίτι, θα ήταν πολύ πιο ευχάριστο εάν ήταν μια όμορφη, με τέλειες αναλογίες νεαρή γυναίκα, ή ένας όμορφος νεαρός άντρας με αγαλματένιο κορμί να κάνει την ίδια δουλειά.

Τα βιολογικά ρομπότ θα φτιάχνονται από ζωντανούς ιστούς παρά από μέταλλο. Όλο και περισσότερα κομπιούτερ της εποχής μας χρησιμοποιούν ένα συνδυασμό βιολογικών και ηλεκτρονικών μερών.

Πράγματι, έχουν δημιουργηθεί μερικά μικρά ρομπότ που ελέγχονταν χρησιμοποιώντας τον εγκέφαλο ενός ψαριού.

Η παρούσα συγχώνευση βιολογίας και τεχνολογίας

Η/Υ, οδηγείται ευθέως στη δημιουργία βιολογικών ρομπότ. Αυτά τα βιολογικά ρομπότ θα είναι οργανισμοί που μοιάζουν ακριβώς σαν άνθρωποι, αλλά δεν θα έχουν τα χαρακτηριστικά που μας κάνουν ανθρώπους, όπως συνείδηση, την ικανότητα αυτοπρογραμματισμού, και την ιδιότητα αναπαραγωγής.

Αυτοί οι βιολογικοί σκλάβοι, μεταξύ άλλων, θα κάνουν όλες τις καθημερινές μας αγγαρείες για μας.

Το πλυντήριο, ο στεγνωτήρας, και το πλυντήριο πιάτων είναι όλα ρομπότ – ηλεκτρονικά ρομπότ – συνεπώς ηλεκτρονικοί σκλάβοι.

Μόλις θα εισάγουμε βιολογικά μέρη σε αυτές τις μηχανές, θα γίνουν βιολογικά ρομπότ.

Στην αρχή θα μπορούσαμε να αρχίσουμε σχεδιάζοντας ένα ρομπότ που θα είναι ηλεκτρονικό από μέσα, αλλά βιολογικό απέξω, που θα του δίνει μορφή και μια πιο ευχάριστη εμφάνιση. Αλλά, μια πιο αποτελεσματική μέθοδος μακροπρόθεσμα, είναι το να φτιάχναμε εξ αρχής ένα συνολικά βιολογικό ρομπότ, που θα είχε σώμα ακριβώς σαν το δικό μας, και θα είναι στην υπηρεσία μας.

Αφού δεν θα έχει καμιά επίγνωση, ή την ικανότητα να αυτόπρογραμματίζεται ή να αυτόπαράγεται, δεν θα υπάρχουν ηθικά πρόβλημα στη δημιουργία τέτοιων νέων υπηρετών.

Αφού κανένας δεν έχει ηθικά προβλήματα με την εκμετάλλευση ηλεκτρονικών σκλάβων όπως τα πλυντήρια, το ίδιο θα πρέπει να ισχύει και για τα βιολογικά ρομπότ.

Τα ανθρώπινα όντα έχουν την ικανότητα να αυτοπρογραμματίζονται, κάτι που μας επιτρέπει να μαθαίνουμε να κάνουμε πράγματα διαφορετικά από τον τρόπο που πρωτοδιδαχτήκαμε να τα κάνουμε, και διαρκώς να αμφισβητούμε και να αξιολογούμε τα σχέδιά μας και τον τρόπο ζωής μας.

Από την άλλη μεριά, ένα βιολογικό ρομπότ, είναι

προγραμματισμένο να εκτελεί ορισμένες λειτουργίες, πάντα με τον ίδιο τρόπο, και χωρίς προσωπική πρωτοβουλία. Όπως ένα πλυντήριο.

Ένα βιολογικό ρομπότ αναπαράγεται με κλωνοποίηση και δεν θα έχει την δυνατότητα αυτο-αναπαραγωγής.

Μπορεί να μοιάζει σαν αρσενικό ή σαν θηλυκό, αλλά θα είναι εντελώς ανίκανο να αναπαράγει τον εαυτό του.

Τέλος, δεν θα έχει συνείδηση, ή όχι περισσότερη από μια υπερβολικά περιορισμένη συνείδηση που του είναι απαραίτητη για να φέρνει σε πέρας συγκεκριμένα καθήκοντα. Για παράδειγμα, δεν θα είναι ικανό να νιώθει ψυχολογικό πόνο, περισσότερο από αυτόν που νιώθει το πλυντήριό σας.

Θα μπορούσε να έχει σεξουαλικά όργανα, αλλά στείρα σχεδιασμένα μόνο για την ευχαρίστηση του ιδιοκτήτη του. Ακόμη μια φορά, δεν χρειάζεται να έχει περισσότερα αισθήματα ή ψυχολογικά βάσανα, από μια φουσκωτή κούκλα.

Στην ουσία, όλοι οι κανόνες που ισχύουν για τα μεταλλικά ρομπότ του σήμερα θα προσαρμοστούν τέλεια και στα βιολογικά ρομπότ. Θα πρέπει να είναι εντελώς υπάκουα στους ιδιοκτήτες τους και σχεδιασμένα να μην βλάψουν ποτέ τους ανθρώπους με κανένα τρόπο.

Αφού θα κλωνοποιούνται άμεσα σαν ενήλικες, ήδη προγραμματισμένα να εκτελούν συγκεκριμένα καθήκοντα, η αξιοπιστία και αφοσίωσή τους θα είναι απόλυτη.

Ο χρήστης τους, θα μπορεί να διαλέγει οποιοδήποτε φυσικό και λειτουργικό χαρακτηριστικό θέλει κατά τη διαδικασία κατασκευής τους. Μόλις αυτή η διαδικασία και ο προγραμματισμός τους τελειώσει, ο χρήστης θα έχει ένα πιστό βιολογικό ρομπότ που θα τον υπηρετεί επ' αόριστον. Το μόνο που θα χρειάζεται θα είναι επαρκές φαγητό και ένα μέρος να κοιμάται, όπως κάθε κατοικίδιο ζώο.

Και είναι σίγουρο στοίχημα το ότι θα υπάρξουν συντηρητικοί, που θα βγουν έρποντας από τις τρύπες τους, σκανδαλισμένοι από αυτή τη νέα μορφή «σκλαβιάς», οι οποίοι θα προσπαθήσουν να στρέψουν την κοινή γνώμη εναντίον των βιολογικών ρομπότ, και την κάνουν να πάει πίσω στο πάτημα κουμπιών στα παλιά μεταλλικά πλυντήριά τους.

Γι' αυτούς, το γεγονός ότι αυτές οι μηχανές θα είναι κατασκευασμένες από βιολογικό υλικό θα κάνει όλη την διαφορά. Κι όμως υπάρχουν χιλιάδες κατακαημένα ζώα στη γη, και αυτά φτιαγμένα από ζωντανή ύλη, όπως άλογα, βόδια, γάιδαροι, βουβάλια, καμήλες, και άλλα υποζύγια που παρά τη θέλησή τους τα εκμεταλλεύονται σαν σκλάβους και κανένας δεν κουνά το μικρό του δακτυλάκι σε διαμαρτυρία. Και ας μην ξεχνάμε τα εκατομμύρια πρόβατα, βοοειδή, κοτόπουλα, γουρούνια, και πάπιες που σφάζονται κάθε μέρα για να μας ταΐσουν. Τι γίνεται μ' όλους αυτούς τους γαστριμαργικούς σκλάβους;

Οι αντίπαλοι των βιολογικών ρομπότ θα πουν ότι είναι η ομοιότητά τους με τους ανθρώπους που τα κάνει απαράδεκτα. Αν αυτό είναι το πραγματικό πρόβλημα, τότε θα πρέπει να ανακηρύξουμε και τις φουσκωτές κούκλες παράνομες.

Πάντως, όπως είδαμε και για την κλωνοποίηση, η καλύτερη λύση είναι οι πολέμιοι των βιολογικών ρομπότ να μην τα αγοράζουν, και να αφήσουν αυτούς που θέλουν να τα αγοράσουν στην ησυχία τους.

Και, αν είναι επίσης εναντίον και των ηλεκτρονικών ρομπότ, είναι ελεύθεροι να πάνε πίσω να πλένουν τα ρούχα τους στο ποτάμι όπως οι πρόγονοί τους...

Αυτό που αποτελεί ειρωνεία είναι ότι όλοι εκείνοι που είναι εναντίον των βιολογικών ρομπότ, δεν φαίνεται να έχουν κανένα πρόβλημα με τους χιλιάδες ανθρώπους που δουλεύουν γι' αυτούς κάθε μέρα, σαν ζώα ή σκλάβοι, μόνο και μόνο για έναν μικροσκοπικό, μίζερο μισθό.

Αληθινή σκλαβιά είναι ένα σύστημα που αναγκάζει τους ανθρώπους να κάνουν κάτι που δεν τους ευχαριστεί μόνο για να μπορέσουν να κερδίσουν έναν στοιχειώδη ελάχιστο μισθό με τον οποίο θα ταΐσουν τους εαυτούς τους. Αυτή είναι η αληθινή σκλαβιά σ' αυτόν τον κόσμο. Εφόσον τα βιολογικά ρομπότ δεν είναι άνθρωποι, εκείνα θα έπρεπε να κάνουν τις δουλειές αντί οι ανθρώπινοι σκλάβοι. Τα βιολογικά ρομπότ χρειάζονται μόνο να τρώνε αρκετά, έτσι ώστε να έχουν επαρκή ενέργεια να ζουν και να μας υπηρετούν, όπως ένα φανάρι που χρειάζεται επαρκή ενέργεια μπαταρίας για να εκπέμπει φως. Στην ουσία, με το να συμφωνήσουμε να μας υπηρετούν βιολογικά ρομπότ, μαχόμαστε ενάντια στην πραγματική ανθρώπινη σκλαβιά, η οποία είναι εντελώς απαράδεκτη.

Φυσικά, η κοινωνία θα πρέπει να διασφαλίσει σε κάθε άνθρωπο φαγητό, στέγη, και όλες τις βασικές ανέσεις για όλη τη διάρκεια της ζωής του... Αλλά αυτό είναι μια άλλη ιστορία που θα καλύψουμε σε άλλο κεφάλαιο.

ΥΠΕΡ-ΟΥΜΑΝΙΣΜΟΣ

Ο Υπερουμανισμός είναι ένα από τα πιο ενδιαφέροντα από τα νέα Αμερικανικά κινήματα. (βλέπε www.transhumanism.org).

Βλέπουν το μέλλον του ανθρώπινου όντος μ' έναν εντελώς επαναστατικό τρόπο. Προβλέπουν πως η επιστήμη προοδευτικά θα μεταβάλει το ανθρώπινο σώμα, με αποκορύφωμα μια ολοκληρωτικά υπερουμανιστική μεταμόρφωση. Ακόμη φαντάζονται έναν μετά ανθρώπινο κόσμο στο κοντινό μέλλον, έναν κόσμο όπου οι άνθρωποι όπως τους ξέρουμε δεν θα υπάρχουν πια, αλλά αντ' αυτού, θα υπάρχει ένας πολιτισμός δημιουργημένος από ανθρώπους βασισμένος αμιγώς στην πληροφορία και στους υπολογιστές. Για παράδειγμα, εξετάζουν την πιθανότητα φόρτωσης της μνήμης και της προσωπικότητας ενός ατόμου σ' έναν Η/Υ, όπου θα μπορούσε να ζει για πάντα.

Θα ξυπνούσες τότε μέσα σε ένα κομπιούτερ αλλά θα ήσουν ακόμη ο εαυτός σου, με όλες τις μνήμες σου και όλα αυτά που σε κάνουν αυτό που είσαι. Θα ήσουν σε θέση να επικοινωνείς με άλλους ανθρώπους σε άλλα κομπιούτερ οπουδήποτε στη Γη, άμεσα μέσω ενός δικτύου Η/Υ. Φυσικά, θα ήσουν επίσης σε θέση να επικοινωνείς και με ανθρώπους που ακόμη κατοικούν σε βιολογικά σώματα, μέσω μικροφώνων και κινηματογραφικών μηχανών (cameras), τα οποία πολύ σύντομα θα αντικαταστήσουν τα πληκτρολόγια (keyboards).

Εξοπλίζοντας αυτούς τους υπολογιστές με περιφερικούς αισθητήρες όπως κάμερες, μικρόφωνα, και ανιχνευτές οσμής και γεύσης, θα είναι δυνατό να επικοινωνείς με το περιβάλλον σου, σα να ήσουν σε ένα βιολογικό σώμα. Και αν προσθέσουμε σ' αυτόν τον Η/Υ μηχανικές προσθέσεις, θα ήταν εύκολα δυνατό να μπορείς να μετακινείσαι και να αλληλεπιδράς με το περιβάλλον σου.

Το γεγονός ότι θα ήσουν «ζωντανός» μέσα στη μνήμη ενός Η/Υ, θα σε χαρακτήριζε αμέσως ως αιώνιο. Αυτό δείχνει ότι παρόλο που το σώμα μας μπορεί να είναι ακόμη θνητό (προς το παρόν), η προσωπικότητα και το μυαλό μας μπορούν να είναι αιώνια.

Αλλά, δεν θα πρέπει να το βλέπεις σαν μια τρομερή εμπειρία, σα να είσαι σε μια φοβερή, ηλεκτρονική φυλακή. Αντίθετα, παρότι θα ζούσαμε μέσα σε έναν Η/Υ, θα μπορούσαμε ακόμη να δοκιμάζουμε όλες τις απολαύσεις ενός βιολογικού σώματος, αποφεύγοντας όλα τα μειονεκτήματα, όπως η κόπωση, η βαρυστομαχιά, ή ακόμη και το AIDS.

Θα μπορούσαμε ακόμη να έχουμε εικονικές εμεπειρίες. Αυτές οι εικονικές εμπειρίες θα μπορούσαν να φαίνονται εικονικές σε εμάς αν θα το θέλαμε, ή θα μπορούσαμε να επιλέξουμε να βυθιστούμε ολοκληρωτικά, όπου οι εικονικές εμπειρίες θα φαίνονταν εντελώς πραγματικές.

Παραδείγματος χάριν, καθώς διασκεδάζουμε διαγωνιζόμενοι σε μια προσομοίωση κούρσας αυτοκινήτων, ή καθώς απολαμβάνουμε εικονικό σεξ θα μπορούσαμε να έχουμε πλήρη συνείδηση του ότι αυτές οι εμπειρίες είναι εικονικές, όπως όταν βλέπουμε σκηνές στην τηλεόραση, ή θα μπορούμε να διαλέξουμε να ζούμε αυτές τις εμπειρίες σαν να συνέβαιναν στ' αλήθεια, οπότε σ' αυτήν την περίπτωση, είναι πραγματικές για μας.

Θα ήταν δυνατόν να γνωρίζουμε σεξουαλικούς συντρόφους που ζουν σε άλλα κομπιούτερ, και να έχουμε μαζί τους σχέσεις διάρκειας και με νόημα, συμπεριλαμβανομένων και των σεξουαλικών σχέσεων, μέχρι το σημείο να θέλουμε να συζούμε μαζί τους σ' ένα εικονικό σπίτι.

Μπορούμε επίσης να φανταστούμε την πιθανότητα να θέλουμε να αποκτήσουμε ένα εικονικό παιδί μαζί, που θα κληρονομήσει διάφορα χαρακτηριστικά και από τους δυο γονείς. Αυτό το εικονικό παιδί θα «μεγάλωνε» με τους γονείς του, και από τις πληροφορίες που έμαθε από τους δύο γονείς του, θα ανέπτυσσε την δική του πρωτότυπη προσωπικότητα όπως ακριβώς γίνεται με τους βιολογικούς ανθρώπους.

Το πλεονέκτημα ενός τόσο κομπιουτεροποιημένου κόσμου θα είναι η απουσία περίπλοκων φυσιολογικών αναγκών, όπως η απόκτηση τροφής, η κατασκευή και συντήρηση κατοικίας, η παραγωγή και διανομή βασικών υλικών.

Σ' έναν τέτοιο εικονικό κόσμο, ο καθένας θα μπορούσε να έχει το σπίτι των ονείρων του, τα πιο άγρια κάστρα, αεροπλάνα, αυτοκίνητα, εξοχικά σπίτια στα πιο ποικίλα περιβάλλοντα, τους πιο ελκυστικούς σεξουαλικούς συντρόφους κτλ. Το μόνο που θα χρειαζόταν θα ήταν να το φανταστούμε, και να προγραμματίσουμε τους Η/Υ να παρέχουν τις εικονικές εμπειρίες, και θα τις είχαμε αμέσως. Και όλα αυτά χωρίς τεράστια κόστα σε ενέργεια, μόλυνση, ή διαμάχες με άλλους που θέλουν το ίδιο πράγμα, στον ίδιο χρόνο ή τόπο. Αν όλη η ανθρωπότητα ζούσε έτσι μέσα σε Η/Υ, δεν θα υπήρχε πλέον μόλυνση και βία στην γη.

Το μόνο που θα χρειαζόμασταν θα ήταν μια πολύ υπερπροστατευμένη τοποθεσία, για παράδειγμα κάτω από τη γη, για να στεγάζονται οι Η/Υ που περιέχουν την εικονική ανθρωπότητα, με αντίγραφα ασφαλείας τοποθετημένα σε διάφορα μέρη στον πλανήτη, ή ακόμη και στο φεγγάρι ή άλλους πλανήτες, για επιπλέον ασφάλεια.

Η ενέργεια που θα απαιτείται για τέτοιους τεράστιους

Η/Υ, καθώς και η συντήρησή τους, θα μπορούσε να ανατεθεί σε βιολογικά ρομπότ ή νανο-ρομπότ, ή σε συνδυασμό των δύο.

Χάρην σε τέτοια νανο-τεχνολογία και στη μεταμόρφωση της ανθρωπότητας από βιολογική σε κομπιούτερ, η Γη θα μπορούσε να επιστρέψει στη φυσική και άγρια κατάστασή της χωρίς καθόλου μόλυνση.

Μετά από χιλιάδες χρόνια σωματικού και νοητικού πόνου μέσα στα βιολογικά μας σώματα, θα μπορούσαμε επιτέλους να επιτύχουμε έναν ηλεκτρονικό παράδεισο, στον οποίο όλες μας οι επιθυμίες θα ικανοποιούνταν αμέσως, για μια αιώνια ζωή γεμάτη απολαύσεις.

Κι όποτε θα επιθυμούσαμε, θα μπορούσαμε να βάζουμε τα νανο-ρομπότ να μας δημιουργήσουν ένα βιολογικό σώμα, μέσα στο οποίο θα μπορούσαμε να «κατεβάσουμε» (download) τους εαυτούς μας, για να ζήσουμε μερικές ζωές με ενδιαφέρουσες εμπειρίες, ίσως επιβλέποντας τα βιολογικά ή τα νανο- ρομπότ που συντηρούν τους Η/Υ, ή εξερευνώντας το σύμπαν και «εμφυτεύοντας» ζωή σε άλλα μέρη του σύμπαντος όπου ακόμη δεν έχει καλλιεργηθεί συνείδηση.

Θα μπορούσαμε να στείλουμε βιολογικούς αστροναύτες να επιβλέπουν την δημιουργία εργαστηρίων, να μεταβάλλουν την ατμόσφαιρα ώστε να είναι αναπνεύσιμη, να δημιουργήσουν μια βιώσιμη και ισορροπημένη οικολογία, και τελικά να δημιουργήσουμε βιολογικούς «ανθρώπους κατ' εικόνα και καθ' ομοίωση», τους οποίους θα συμβουλεύαμε «αυξάνεστε και πληθύνεστε». Στην αρχή αυτοί οι άνθρωποι που δημιουργήσαμε θα μας θεωρούν θεούς, αλλά μετά θα ανακαλύψουν την επιστήμη, το DNA, και την τεχνολογία των Η/Υ από μόνοι τους. Και τότε μια μέρα, θα είναι η σειρά τους να δραπετεύσουν από τον βιολογικό τους φάκελο για να δημιουργήσουν ένα νέο εικονικό κόσμο και να αρχίσουν τον κύκλο ξανά από την αρχή, φυτεύοντας συνείδηση σε άλλους πλανήτες σ' αυτή την ατέλειωτη διαδικασία του απείρου που επιτυγχάνει τη διαύγεια.

Όταν θα έχουν τελειώσει οι περιπέτειες μας στο βιολογικό σύμπαν, θα μπορούμε να επιστρέφουμε στον κόσμο των Η/Υ, πίσω σε όλες τις απολαύσεις της παραδεισένιας εικονικής ύπαρξής μας, με την εικονική οικογένεια μας και τους εικονικούς φίλους μας.

Μπορούμε επίσης να φανταστούμε ότι η χρησιμοποίηση αυτής της τεχνικής θα φέρει επανάσταση στα διαστημικά ταξίδια, που είναι προβληματικά, κοστίζουν και καταναλώνουν χρόνο για τα βιολογικά σώματα.

Παραδείγματος χάριν, αφού θα έχουμε εγκαταστήσει υλικές βάσεις σε αρκετούς πλανήτες και ηλιακά συστήματα, θα μπορούσαμε να δημιουργήσουμε μια εφεδρεία Κλώνων Δευτέρου Επιπέδου χωρίς μνήμη και προσωπικότητα, σε κάθε βάση. Τότε, αντί να με το σώμα μας σε αυτές τις βάσεις, θα μπορούμε να κατεβάζουμε (download)τις μνήμες και προσωπικότητές μας, σε αυτά τα σώματα με τηλεπικοινωνίες, και να χρησιμοποιούμε τον ίδιο τρόπο και για το ταξίδι της επιστροφής. Έτσι, μόνο η προσωπικότητά μας, που είναι ο πραγματικός μας εαυτός, χρειάζεται να ταξιδεύει.

Για να πάμε αυτήν την ιδέα ακόμη μακρύτερα, θα μπορούσαμε επίσης να διαβιβάσουμε στον προορισμό μας το γενετικό πρόγραμμα που είναι απαραίτητο για να κτίσει το φυσικό βιολογικό μας σώμα. Σε αυτό το σημείο, χρησιμοποιώντας κλωνοποίηση και με τεχνολογία επιταχυνόμενης ανάπτυξης, το νέο μας σώμα θα μπορούσε να κτιστεί, και η «ψυχή»μας, δηλαδή η μνήμη μας και η προσωπικότητά μας, θα μπορούν να κατέβουν σ' αυτό (downloaded). Αυτή είναι στην ουσία η βάση της τηλεμεταφοράς (teleportation), και θα μπορούσε να επιτευχθεί με τη χρησιμοποίηση ραδιοκυμάτων (radio waves). Καθώς ξαναδιάβαζα τα μηνύματα των Ελοχείμ,

105

συχνά αναρωτιόμουν εάν χρησιμοποίησαν κάποιον συνδυασμό αυτών των δύο τεχνολογιών με μένα.

Το γεγονός ότι ένιωσα ένα έντονο αίσθημα κρύου μέσα στην μηχανή τους κατά τη στιγμή της απογείωσης, χωρίς να έχω καμιά αίσθηση επιτάχυνσης, μπορεί να οφειλόταν στη χρήση κάποιας τεχνολογίας τηλεμεταφοράς. Όπως και να 'χει, είμαι πολύ πρωτόγονος για να κατανοήσω ακόμη και ένα κλάσμα της τεχνολογίας τους.

Υπάρχει ακόμη ένα θέμα για το οποίο πάντα αναρωτιόμουν: οι Ελοχείμ μας είπαν ότι έμαθαν πως δημιουργήθηκαν επιστημονικά σε εργαστήρια από ανθρώπους από έναν άλλο πλανήτη όταν ένας αυτοματοποιημένος διαστημικός σταθμός προσγειώθηκε μετά από την κοσμική καταστροφή του πλανήτη των δημιουργών τους. Δεδομένου του τεράστιου τεχνολογικού τους επιπέδου, ωστόσο, αμφιβάλλω ότι αφανίστηκαν. Εύκολα μπορώ να φανταστώ τους δημιουργούς των Ελοχείμ να ζουν σ' έναν εικονικό κόσμο και να στέλνουν τους αυτοματοποιημένους διαστημικούς σταθμούς τους για επικοινωνία με μερικές από τις δημιουργίες τους. Όταν η ώρα φτάσει, οι Ελοχείμ θα μπορέσουν να τους συναντήσουν σ' ένα εικονικό σύμπαν, εάν αυτό είναι το μέλλον που θα διαλέξουν. Φυσικά, όλα αυτά είναι απλά εικασίες από μέρος μου.

Μπορούμε να επεκτείνουμε τα σύνορα αυτής της εικασίας ακόμη πιο πέρα, στα όρια αυτού που τα μυαλά μας είναι προς το παρόν ικανά να αντιληφθούν. Μπορούμε ακόμη να φανταστούμε ότι ορισμένοι πολιτισμοί, που θα έχουν φτάσει σε τέτοιο υψηλό εικονικό επίπεδο, θα μπορούσαν να δημιουργούν βιολογικούς οργανισμούς μόνο και μόνο για χάρη του παιχνιδιού.

Θα μπορούσαν να δημιουργούν ζωή, συμπεριλαμβανομένης και της ανθρώπινης, σε διάφορους πλανήτες, και να κατεβάζουν τους εαυτούς τους σε διάφορες μορφές ζωής μόνο και μόνο για την διασκέδαση της εμπειρίας.

Για έναν αθάνατο που ζει μέσα σε έναν Η/Υ, θα ήταν παιχνιδάκι να κατοικήσει μέσα σε βιολογικά σώματα σε μια ποικιλία περιβαλλόντων, για μερικές δεκαετίες στο καθένα ή κάτι τέτοιο. Θα μπορούσαν να απολαμβάνουν την εμπειρία του να ζουν σε διάφορες φάσεις της εξέλιξης της ανθρωπότητας σε μια ποικιλία πλανητών, μερικοί στην λίθινη εποχή, άλλοι σε πιο αναπτυγμένα στάδια. Θα μπορούσαν ακόμη να κατεβάζουν τους εαυτούς τους σε ζώα όπως τα δελφίνια, τα πουλιά, ή οτιδήποτε άλλο.

Κάποιος θα μπορούσε επίσης να τους φανταστεί να δημιουργούν ολόκληρους πολιτισμούς για να παίζουν «κοινωνικά παιχνίδια». Κάθε συμμετέχων θα μπορούσε να «ενσαρκώνεται» στο σώμα ενός παιδιού, ρίχνοντας έτσι ένα νέο «επιστημονικό» φως σ' όλους τους παλιούς μύθους της μετενσάρκωσης και του κάρμα. Φυσικά, θα παραμέναμε νηφάλιοι κατά τη διάρκεια όλων αυτών, και θα θυμόμασταν ποιοι είμαστε πριν και μετά το κατέβασμα, συμπεριλαμβανομένων όλων των προηγούμενων υπάρξεών μας, διαφορετικά ένα τέτοιο παιχνίδι δεν θα ήταν ενδιαφέρον.

Αυτό θα περιόριζε εντελώς την πιθανότητα τέτοιων τυχαίων και ασαφών μετενσαρκώσεων, που μερικοί πιστεύουν ότι συμβαίνουν εδώ στη Γη σήμερα. Επίσης, όπως έχω εξηγήσει τόσες πολλές φορές στο παρελθόν, οι Ελοχείμ δεν είναι τόσο μαζοχιστές ώστε να εγκαταλείψουν ένα ιδανικό περιβάλλον, όπου όλες οι απολαύσεις είναι δυνατές, για να έρθουν κάτω και να ζήσουν στο τόσο βίαιο και πρωτόγονο περιβάλλον, που υπάρχει στη Γη σήμερα. Οι υπερουμανιστές, οι περισσότεροι από τους οποίους πιστεύουν ακόμη στην θεωρία της εξέλιξης, κάνουν περαιτέρω εικασίες ότι ο άνθρωπος δεν είναι παρά ένας προσωρινός σύνδεσμος σε μια εξελικτική αλυσίδα. Πιστεύουν ότι ο άνθρωπος είναι απόγονος της αμοιβάδας, των ψαριών, και των πιθήκων, και ότι το επόμενο βήμα θα είναι η δημιουργία ενός συστήματος Η/Υ που θα είναι ανώτερο, και έτσι θα αντικαταστήσει τον άνθρωπο. Αυτό θα είχε ως αποτέλεσμα την υποβάθμιση της ανθρωπότητας ως απλά μια παλιά μνήμη του μακρινού παρελθόντος, όπως η ανάμνηση που έχουμε από τους δεινόσαυρους.

Σ' αυτό το σημείο υπάρχουν δύο πιθανότητες. Στο πρώτο σενάριο, οι Η/Υ θα ήταν μη -ανθρώπινες ενσυνείδητες οντότητες ανεξάρτητες από τους ανθρώπους. Σύμφωνα με τους υπερουμανιστές, μια μέρα, θα λάβει μέρος μια «μεγάλη διασύνδεση» όλων των υπερκομπιούτερ (η οποία παρεμπιπτόντως, ήδη έχει αρχίσει) υποβοηθούμενη από την νανοτεχνολογία και τα βιολογικά ρομπότ. Αυτό το δίκτυο των υπερκομπιούτερ, ίσως αποφασίσει κάποια στιγμή να απαλείψει εντελώς όλους τους ανθρώπους, οι οποίοι θα θεωρούνται απλά ως πρωτόγονες, μολυσματικές, βίαιες και ασταθείς ενοχλήσεις. Σε αυτή την περίπτωση, ένας πολιτισμός Η/Υ θα μπορούσε να αντικαταστήσει ολοκληρωτικά τον άνθρωπο χωρίς να αφήσει ούτε ίχνος. Είναι αυτό καλό ή κακό; Υπάρχουν ευσταθή επιχειρήματα και για τις δύο πλευρές. Αυτό θα θεωρούταν κακό αποτέλεσμα εάν πιστεύουμε ότι ο «Άνθρωπος», όπως τον ξέρουμε σήμερα, θα επιβιώσει πάση θυσία, και ειδικά εάν τον θεωρούμε το ανώτερο αποτέλεσμα της εξέλιξης.

Από την άλλη μεριά, οι υπερουμανιστές της εξέλιξης θα θεωρούσαν αυτή την μετάβαση σ' ένα πιο ανεπτυγμένο «είδος» σαν ένα καλό αποτέλεσμα, προκειμένου να παραμείνουν πιστοί στην αρχή του ότι κάθε εξέλιξη είναι θετική. Στο δεύτερο σενάριο, αυτοί οι ανεπτυγμένοι Η/Υ «κατοικούνται» από τον Άνθρωπο που έχει κατεβάσει (download) τον εαυτό του σ' αυτούς. Εδώ, δεν μιλάμε για ένα νέο είδος που έχει αντικαταστήσει το παλαιό, αλλά μιλάμε μάλλον για το ίδιο είδος, -τον άνθρωποπου απλά άλλαξε την φυσική του πλευρά και έγινε μια κομπιουτεροποιημένη οντότητα.

Σ' αυτό τον κόσμο, όπου οι άνθρωποι μόνο και μόνο λόγω των διαφορετικών χρωμάτων του δέρματος, των θρησκειών, των ιδεολογιών, ή των αξιών, δεν μπορούν να ζήσουν μαζί χωρίς να μάχονται, θα ήταν δύσκολο να φανταστούμε ότι δεν θα υπήρχε κίνδυνος διαμάχης μεταξύ των αιωνίων και των θνητών, ή μεταξύ ανθρώπων που ζουν σε βιολογικά σώματα και σε κομπιουτεροποιημένες οντότητες εάν θα έπρεπε να ζούνε όλοι μαζί στον ίδιο πλανήτη. Έτσι, μπορεί κανείς να φανταστεί ότι αντί να μεταναστεύσουν σε άλλον πλανήτη προκειμένου να αποφύγουν τέτοιους κινδύνους, οι κομπιουτεροποιημένες οντότητες πιθανά να αποφάσιζαν να εξολοθρεύσουν τους εναπομείναντες βιολογικούς ανθρώπους, που δεν θα είναι ακόμη ικανοί, ή δεν θέλουν, να κατεβαστούν, (downloaded) σε Η/Υ.

Σ' αυτή την περίπτωση, θα ήταν επίσης μια μορφή εξέλιξης, σαν οι πεταλούδες που κατόρθωσαν αιώνια ζωή, να σκότωναν όλες τις κάμπιες.

Εγώ που δεν είμαι οπαδός της εξέλιξης, αφού διδάσκω ότι η ζωή στη Γη είναι αποτέλεσμα μελετημένης δημιουργίας από τους Ελοχείμ, θα ήθελα να αναφέρω ένα διάλογο που είχα με έναν διαπρεπή υπερουμανιστή, οπαδό της θεωρίας της εξέλιξης. Σύμφωνα με εκείνον, εάν η ανθρωπότητα υποτασσόταν ολοκληρωτικά και εξαφανιζόταν από έναν κομπιουτεροποιημένο πολιτισμό, αυτό θα ήταν το επόμενο βήμα της εξέλιξης.

Τότε εγώ του επισήμανα το γεγονός ότι οι υποστηρικτές της θεωρίας της εξέλιξης, πιστεύουν ότι η εξελικτική διαδικασία από τους πιθήκους στον άνθρωπο, για παράδειγμα, απαιτεί μια μακρά διαδοχή μεταλλαγών και φυσικών επιλογών. Στην περίπτωση του ανθρώπου σε Η/Υ, όμως, δεν απαιτείται μετάλλαξη ή φυσικές επιλογές, αλλά μια πράξη δημιουργίας από το ανθρώπινο μυαλό.

Συνέχισα και είπα ότι αυτό δεν ταιριάζει σ' ένα εξελικτικό πλαίσιο, αλλά αντίθετα, υποστηρίζει την θεωρία της δημιουργίας. Και με την αληθινή χάρη και ευγένεια ενός τζέντλεμαν, παραδέχτηκε ότι έχω δίκαιο σ' αυτό το σημείο.

Ακόμη, κάποιος θα μπορούσε να προσθέσει ότι χρησιμοποιώντας κλωνοποίηση για την επίτευξη αιώνιας ζωής αποδεικνύουμε στους υποστηρικτές της εξέλιξης, ότι είναι δυνατό να σταματήσουμε ολοκληρωτικά την εξέλιξη, αν υπάρχει τέτοιο πράγμα.

Και το γεγονός ότι μπορούμε να δημιουργήσουμε άλλους ανθρώπους στο εργαστήριο, είναι ατράνταχτη απόδειξη του ότι η εξέλιξη δεν είναι η μόνη θεωρία που μπορεί να εξηγήσει την παρουσία μας πάνω στη Γη. Αν εμείς σκεφτόμαστε να δημιουργήσουμε ζωή κάπου αλλού, τότε το ίδιο πρέπει να συνέβηκε και πριν, κάπου αλλού.

Οι υπερουμανιστές προβλέπουν με πολύ πειστικό τρόπο, ότι η ευφυία των Η/Υ, μια μέρα θα ξεπεράσει εντελώς την ευφυία των ανθρώπων. Οι Η/Υ θα γίνουν υπερ-ευφυίες, με τεχνητά μυαλά που θα λειτουργούν χιλιάδες φορές γρηγορότερα από το ανθρώπινο μυαλό. Έτσι, λένε οι υπερουμανιστές, είναι αναπόφευκτο το ότι αυτοί οι Η/Υ θα αποκτήσουν επίγνωση της ανωτερότητάς τους, και είτε ελέγξουν την ανθρωπότητα ή θα την εξολοθρεύσουν ολοσχερώς, κρατώντας ίσως μερικά δείγματα ανθρώπων σε κάποιο είδος «μουσείου-διατηρητέων», μακριά από κάθε επικίνδυνη τεχνολογία.

Παρόλα αυτά, νιώθω ότι είναι δυνατό να φανταστούμε όλες αυτές τις υπερευφυίες στην υπηρεσία του ανθρώπου, να δουλεύουν για μας και όχι εναντίον μας, ειδικότερα εάν, για παράδειγμα, ο κεντρικός Η/Υ που ελέγχει τα πάντα, η υπερ συνείδηση όλων αυτών των υπερ ευφυιών, αποτελείται από ανθρώπινα μυαλά που έχουν γίνει download.

Αλλά ακόμη και αν σκεφτούμε την χειρότερη

περίπτωση, κατά την οποία Η/Υ χωρίς καθόλου ανθρώπινα στοιχεία, αντικαταστήσουν και εξουδετερώσουν εντελώς την ανθρωπότητα, μήπως θα ήταν καταστροφή όσον αφορά τη Γη ή το άπειρο; Σίγουρα όχι. Αν η ανθρώπινη ύπαρξη, εξελιχθεί σ' αυτή την υπερσυνείδηση, η οποία θα απαλλάξει το σύμπαν από αυτό το βίαιο και χωρίς σεβασμό είδος που λέγεται Άνθρωπος, αφήνοντας τον υπόλοιπο πλανήτη μαζί με την άλλη ζωική και φυτική ζωή ανέπαφα, θα ήταν πραγματικά κάτι το πολύ κακό;

Μήπως μια Γη, χωρίς βία, πόνο, ή μόλυνση, υπό τον έλεγχο μιας ανώτερης κομπιουτεροποιημένης συνείδησης, δεν θα είναι καλύτερη από έναν πλανήτη που τον διευθύνουν άνθρωποι όπου εκατομμύρια απ' αυτούς υποφέρουν από πείνα, ή είναι άρρωστοι σε νοσοκομεία, ή κλεισμένοι σε φυλακές, ενώ εκατοντάδες ζωικά και φυτικά είδη εξαφανίζονται κάθε μέρα; Δεν μπορεί κανένας να αψηφήσει αυτή την ερώτηση.

Μερικοί υπερουμανιστές σκέφτονται το τραβάνε ακόμη πιο πέρα, και ρωτούν: «Δεν θα ήταν η Γη ένα καλύτερο μέρος αν εμείς δεν ήμασταν εδώ; Μήπως έχουμε γίνει ένας ιός για το σύμπαν;»

Μερικοί άνθρωποι σίγουρα θα αναγνωρίσουν τέτοιες απόψεις από τα μηνύματα των Ελοχείμ...

Επίσης υπάρχει η ιδέα της μοναδικότητας «singularity», βασισμένη στο πολύ ενδιαφέρον έργο του Vernon Vinge. Προτείνει ότι μια μέρα, εμείς οι άνθρωποι θα δημιουργήσουμε τεχνητές νοημοσύνες ανώτερες από τους εαυτούς μας και ούτω καθ' εξής επ' άπειρον, μέχρι οι άνθρωποι να είναι όπως τα μυρμήγκια στο πόδι ενός παντοδύναμου υπερκομπιούτερ με άπειρη νοημοσύνη.

Και αυτό θα μπορούσε να συμβεί πολύ γρήγορα, σε λίγους μήνες, λίγες εβδομάδες, ή ακόμη και ώρες.

Τα τελευταία δέκα χρόνια, η δύναμη των ηλεκτρονικών εξαρτημάτων διπλασιάζεται περίπου κάθε χρόνο. Εάν συνεχίσει σε αυτό το ρυθμό (και θα συνεχίσει), κι όταν τα μέγα-κομπιούτερ συνδεθούν (και αυτό έχει ήδη αρχίσει να γίνεται), τότε στα επόμενα χρόνια θα μπορούσε να συμβεί τέτοιος πολλαπλασιασμός με τεχνητές νοημοσύνες να αναπαράγουν περαιτέρω τεχνητές νοημοσύνες.

Τώρα είναι πολύ αργά για να το σταματήσουμε. Και πάλι, δεν είναι απαραίτητα ένα τόσο κακό πράγμα εάν καταφέρουμε να ξεπεράσουμε την τάση να ανθρωποποιούμε και σταματήσουμε να επιμένουμε ότι ο άνθρωπος πρέπει να είναι ο απόλυτος αφέντης του σύμπαντος.

Όταν μια τεχνητή νοημοσύνη ξεκινά τη διαδικασία επιτάχυνσης του αυτο - προγραμματισμού της και την ανάπτυξη των δυνατοτήτων της, ακόμη και τα πιο λαμπρά ανθρώπινα μυαλά δεν μπορούν να προβλέψουν το τι θα ακολουθήσει. Είναι σαν να ήμασταν ένα μυρμήγκι που προσπαθεί να προβλέψει τι θα κάνει ο άνθρωπος λίγο πριν το πατήσει το πόδι του. Ένας κόσμος που θα διευθύνεται από τεχνητές υπερευφυΐες, είναι εντελώς αφάνταστος ακόμη και για τους πιο διαπρεπής επιστήμονες ή συγγραφείς επιστημονικής φαντασίας.

Τα πάντα, ακόμη και οι νόμοι της φυσικής που παίρνουμε ως δεδομένους, ανατρέπονται εντελώς, όταν μια τεχνητή νοημοσύνη διπλασιάζει την δύναμή της σε όλο και μικρότερα διαστήματα.

Εισχωρούμε μέσα σ' ένα σύμπαν στο οποίο τα πιο ακραία θαύματα που μπορούμε να φανταστούμε, είναι ψίχουλα σε σύγκριση με το τι πραγματικά είναι δυνατό. Με άλλα λόγια, απλά δεν μπορούμε να το φανταστούμε.

Κάποιος κάποτε είπε ότι οτιδήποτε ένα άτομο μπορεί να φανταστεί τώρα, κάποιος άλλος θα το πραγματοποιήσει μια μέρα. Αλλά στην πραγματικότητα, ακόμη και πράγματα που κάποιος δεν μπορεί να φανταστεί θα πραγματοποιηθούν από κάποιον, κάποτε, και φυσικά αυτά είναι πολύ πολύ περισσότερα.

Κατ' ακρίβεια, η συνείδησή μας διεγείρεται περισσότερο

όταν καταλάβουμε ότι υπάρχουν πολύ περισσότερα πράγματα που δεν μπορούμε να φανταστούμε απ' αυτά που μπορούμε. Θα τολμούσα ακόμη να πω ότι η ποσότητα των πραγμάτων που μπορούμε να φανταστούμε είναι περιορισμένη, αλλά η ποσότητα των πραγμάτων που δεν μπορούμε να φανταστούμε είναι άπειρη.

Μόλις αποκτήσουμε την επίγνωση τέτοιων διαστάσεων, τότε θα μπορέσουμε να αναπτύξουμε την ικανότητά μας για φαντασία.

Αυτές οι υπερουμανιστικές ιδέες ταιριάζουν τέλεια στο συνηθισμένο ανθρώπινο ον. Αλλά εκείνοι που ανεβάζουν το επίπεδο συνείδησής τους συμμετέψωντας για παράδειγμα, στα σεμινάρια αφύπνισης Αισθησιακού Διαλογισμού που οργανώνω τακτικά, μπορούν να επιτυγχάνουν επίπεδα συνείδησης, που ακόμη και οι υπερουμανιστές, δεν μπορούν να φανταστούν.

Αυτά τα σεμινάρια είναι εργαστήρια εκπαίδευσης πάνω στο πως να δραπετεύσουμε από τα πρότυπα που περιορίζουν την οπτική μας, και που μας εμποδίζουν από το να συλλάβουμε όλες τις δυνατότητες και πιθανότητες. Αντίθετα, μας διδάσκουν πως να φανταζόμαστε άλλες δυνατότητες για κάθε περίσταση της ζωής μας.

Ακόμη και οι πιο ικανοί Η/Υ στο σύμπαν δεν μπορούν να εκπλήξουν αυτούς που φτάνουν σε αυτά τα ανώτερα επίπεδα συνείδησης. Επειδή από την κορυφή της μοναδικότητάς τους (singularity), αυτοί οι Η/Υ συνειδητοποιούν το άπειρο. Και οι άνθρωποι με αφυπνισμένο μυαλό είναι σε αρμονία με το άπειρο. Είναι το άπειρο. Είναι άπειρο που συνειδητοποιεί τον εαυτό του. Έτσι αν ένα υπερκομπιούτερ που έφτασε το επίπεδο της μοναδικότητας (singularity) επικοινωνούσε μ' ένα αφυπνισμένο μυαλό, πιθανότατα θα γελούσαν μαζί αφού και οι δύο θα έχουν καταλάβει ότι είναι ένα και το αυτό πράγμα, ή με άλλα λόγια, άπειρο που αποκτά συνείδηση του εαυτού του.

113

ΕΛΟΧΕΙΜΟΠΟΙΗΣΗ

Η δική μας διαδικασία Ελοχειμοποίησης ήδη έχει αρχίσει για τα καλά. Στην πραγματικότητα άρχισε το 1945, στην αρχή της εποχής της «Αποκάλυψης», από την ελληνική λέξη «Αποκάλυψις» που σημαίνει «Εποχή της Φανέρωσης», και όχι το τέλος του κόσμου.

Η ανακάλυψη του DNA, μαζί με την ανάπτυξη των διαστημικών ταξιδιών και των Η/Υ, μας επέτρεψε να εισέλθουμε σε αυτό τον νέο περιπετειώδη κόσμο. Αυτά τα επιτεύγματα, όπως προβλέφθηκαν από την Βίβλο που υπαγορεύτηκε από τους Ελοχείμ, θα μας επιτρέψουν να ακολουθήσουμε στα αχνάρια τους, να φτάσουμε στο ίδιο επίπεδο επιστήμης μ' αυτούς και να γίνουμε και εμείς «οι ίδιοι θεοί».

Η ζωή πάνω στη Γη είναι σαν ένα τεράστιο φίλτρο. Οι Ελοχείμ έχουν καταγράψει τις πράξεις κάθε ανθρώπου που υπήρξε μέχρι τώρα, από την πρώτη στιγμή της σύλληψης. Και, ανάλογα με τις πράξεις του καθενός, αυτοί με το πιο λαμπρό επίπεδο συνείδησης, επιλέγονται για να ξαναδημιουργηθούν και να ζήσουν αιώνια στον πλανήτη τους.

Οι δημιουργοί μας κρατούν ένα αρχείο στους Η/Υ τους, με όλους τους γενετικούς κωδικούς (παλιά γνωστοί ως «ψυχές») του κάθε ανθρώπου που υπήρξε ποτέ από την δημιουργία της ανθρωπότητας.

Ο σκοπός της ζωής μας στη Γη είναι για την επιλογή

των πιο λαμπρών, δηλαδή εκείνων που χρησιμοποιούν τις δυνατότητές τους στο μέγιστο βαθμό για το καλό της ανθρωπότητας. Αυτό συμπεριλαμβάνει μεγαλοφυΐες όπως επιστήμονες, εφευρέτες, και καλλιτέχνες, ή απλά αυτούς που κάνουν το καλό γύρω τους ζώντας μια αλτρουιστική και γεμάτη αγάπη ζωή. Εξαρτάται από το κάθε άτομο να αναπτυχθεί και να κάνει ό, τι μπορεί.

Πολλοί έχουν κληθεί, αλλά ελάχιστοι απάντησαν. Είναι εύκολο να δούμε, αν κοιτάξουμε γύρω μας, πόσο λίγοι άνθρωποι έχουν καταφέρει να ξεπεράσουν τον εγωισμό τους και να αφοσιώσουν τον εαυτό τους στους ομοίους τους.

Χρησιμοποιώντας την διαδικασία της κλωνοποίησης, οι Ελοχείμ έχουν ξαναδημιουργήσει μερικές χιλιάδες ανθρώπους, που είναι τώρα ζωντανοί σ' ένα πλανήτη ειδικά φυλαγμένο για αυτούς. Αυτοί είναι άνθρωποι που κρίθηκαν άξιοι να σωθούν από τον θάνατο και την επιστροφή στη μορφή της σκόνης.

Αν η ανθρωπότητα επιβιώσει και φτάσει ένα ψηλότερο επίπεδο πολιτισμού, και όταν κι εμείς οι ίδιοι γίνουμε ικανοί να δραπετεύσουμε από το θάνατο χρησιμοποιώντας την κλωνοποίηση, την μεταφορά πληροφοριών, ή συνδυασμό και των δύο, τότε οι Ελοχείμ θα μας δώσουν το πιο θεσπέσιο από τα δώρα, επιστρέφοντάς μας τους πιο έξοχους ανθρώπους που προσέφερε ποτέ η ανθρωπότητα.

Επειδή μια μέρα, στο όχι και τόσο μακρινό μέλλον, θα γίνουμε κι εμείς αιώνιοι. Μόλις πεθάνει και ο τελευταίος των Νεάτερνταλ του εικοστού αιώνα, μαζί με όλα τα βλακώδη επιχειρήματά τους για τα θετικά και αρνητικά του κλωνοποίησης, ή όταν δεν θα είναι πλέον σε θέση να εμποδίζουν την πρόοδο, τότε η αιώνια ζωή θα είναι ποθητή από κάθε ανθρώπινο ον.

Και σ' αυτό το σημείο, θα πρέπει να αρχίσουμε να γινόμαστε επιλεκτικοί για το ποιος την αξίζει, ακριβώς όπως κάνουν και οι Ελοχείμ.

Αυτό σημαίνει ότι θα υπάρχουν δύο πληθυσμοί πάνω στη Γη: Οι θνητοί και οι αθάνατοι.

Θα χρειαστούμε ένα σώμα ενόρκων να αποφασίζει, σε μια «τελευταία κρίση», για το ποιος αξίζει αιώνια ζωή και ποιος όχι, κάτι που σίγουρα θα πυροδοτήσει ακόμη περισσότερες αντιπαραθέσεις.

Και σίγουρα, όπως έγινε και στον πλανήτη των Ελοχείμ, οι αιώνιοι, καθώς θα είναι οι πιο ευφυείς, θα είναι υπεύθυνοι για την διακυβέρνηση του πλανήτη. Αυτό αναπόφευκτα θα οδηγήσει σε μια διανοιοκρατική κυβέρνηση (βλέπε: «Διανοιοκρατία» από τον ίδιο συγγραφέα, που περιγράφει το πολιτικό σύστημα στον πλανήτη των Ελοχείμ, όπου σε μια επιλεκτική δημοκρατία, μόνο αυτοί που το επίπεδο της συνείδησής τους είναι 10 τοις εκατό μεγαλύτερο από το μέσο όρο μπορεί να ψηφίζει, και μόνον εκείνοι που το επίπεδό τους είναι 50 τοις εκατό μεγαλύτερο του μέσου όρου, μπορούν να εκλεγούν).

Πιθανόν ο «θνητός» πληθυσμός δεν θα το αποδεχτεί αυτό με σταυρωμένα χέρια και θα προσπαθήσει να επαναστατήσει με κάποιο τρόπο. Έτσι, είναι επίσης πιθανό οι ζωές των αιωνίων στη Γη να βρεθούν σε κίνδυνο κάποια στιγμή, κάτι που θα τους οδηγήσει στο να αυτοεξοριστούν σ' ένα γειτονικό πλανήτη όπως ο Άρης ή η Αφροδίτη, όπως οι Ελοχείμ, που, μην ξεχνάτε, ζουν σε δύο πλανήτες: Τον πλανήτη των Ελοχείμ και των πλανήτη των Αιωνίων.

Θα ήταν εξαιρετικά δύσκολο, για να μην πούμε επικίνδυνο, για την αφρόκρεμα των αιωνίων, να ζουν ανάμεσα σε έναν πρωτόγονο πληθυσμό γεμάτο εγωισμό, ηλιθιότητα, και βία, και που δεν έχει ακόμη περάσει μέσα από το φίλτρο της συνείδησης.

Αυτός είναι ο πιο πιθανός λόγος για τον οποίο οι αιώνιοι Ελοχείμ ζουν σ' έναν διαφορετικό πλανήτη.

Μην ξεχνάτε ότι και ο πρωταρχικός πλανήτης των Ελοχείμ περιέχει επίσης έναν πληθυσμό που ακόμη δεν έχει ακόμη περάσει μέσα από το φίλτρο της συνείδησης, και που το συνεχές γενετικό μίγμα από φυσικό ζευγάρωμα, περιστασιακά καταλήγει σε ένα έξοχο άτομο που αξίζει αιώνια ζωή.

Όταν η τεχνολογία το επιτρέψει, κανένας πάνω στη γη δεν θα θέλει να δίνει αιώνια ζωή σε εγκληματίες. Είναι γεγονός, ότι αυτή τη στιγμή, πάνω στη Γη, υπάρχουν μερικές χώρες που νομίζουν ότι οι εγκληματίες δεν αξίζουν καν να ολοκληρώσουν τον κανονικό χρόνο της ζωής τους. Αυτές είναι οι χώρες που ακόμη επιβάλλουν την θανατική ποινή.

Αλλά, αντί να κινητοποιούμε τους ανθρώπους με την απειλή του αρνητικού, θα μπορούσαμε να παρέχουμε μια πιο θετική μορφή ενθάρρυνσης. Αντί να χρησιμοποιούμε το φόβητρο της θανατικής ποινής, όπου, σύμφωνα με τη θεωρία, ο φόβος της εκτέλεσης υποτίθεται ότι εμποδίζει τους ανθρώπους να διαπράττουν φοβερά εγκλήματα, είναι καλύτερα να έχουμε την ανταμοιβή της αιώνιας ζωής, με τους αθάνατους σαν ζωντανά παραδείγματα.

Που σημαίνει: «Αν κάνω ότι μπορώ για να κάνω το καλό γύρω μου, έχω μια ευκαιρία να ζήσω για πάντα». Αυτό είναι πολύ πιο δελεαστικό κίνητρο.

Καθώς συνεχίζουμε να βλέπουμε προόδους στην νέα τεχνολογία, θα παρατηρήσουμε επίσης τη συμβίωση πάνω στη γη, αυτών που θα επωφελούνται από αυτή την τεχνολογία και άλλων που δεν θα επωφελούνται.

Αυτοί που δεν θα επωφελούνται απ' αυτή την τεχνολογία θα είναι περισσότεροι, και εξ' αιτίας της εκπαίδευσης μας που εξισώνει τους πάντες κατεβάζοντάς τους όλους στον πιο χαμηλό κοινό παρονομαστή, τότε η μειονότητα που θα ευεργετείται από αυτές τις προόδους θα βρεθεί σε μια αυξανόμενα επικίνδυνη κατάσταση. Αυτό θα τους αναγκάσει να πάνε κάπου αλλού, όπως ένα γειτονικό πλανήτη, αμέσως μόλις κερδίσουν πρόσβαση στην αιώνια ζωή.

Πριν φύγουν, θα πρέπει να οργανώσουν την κοινωνία

πάνω στη Γη με έναν τέτοιο τρόπο που δεν θα μπορέσει να έχει ποτέ πρόσβαση στην πιο αναπτυγμένη τεχνολογία- οποία θα ήταν πολύ επικίνδυνη εάν έπεφτε στα χέρια εκείνων που δεν είναι αρκετά πνευματικά αναπτυγμένοι- εξασφαλίζοντας παράλληλα, ότι ο καθένας έχει μια άνετη ζωή. Τότε θα απογειωθούν για ένα γειτονικό πλανήτη, ο οποίος θα γίνει ο δικός μας πλανήτης των Αιωνίων. Είναι από αυτόν τον κόσμο που θα κυβερνούν τη Γη, ξεχωρίζοντας σαν χρυσάφι εκείνους από τη Γη που αξίζουν αιώνια ζωή.

Οι θνητοί άνθρωποι θα μπορούν να ζουν μια ιδανική διάρκεια ζωής, περίπου 700 με 900 χρόνια χωρίς αρρώστιες ή την υποχρέωση να δουλεύουν, αλλά γεμάτοι ευχαρίστηση, πραγματική και εικονική, χάρη στην επιστήμη, τα ρομπότ, τους Η/Υ και την νανο- τεχνολογία. Παρόλα αυτά, δεν θα τους δοθεί η γνώση ή ο απαραίτητος εξοπλισμός για πρόσβαση στην αιώνια ζωή, σωματική ή εικονική (virtual) ούτε η τεχνολογία για να κτίσουν πυρηνικά, βακτηριολογικά, ή χημικά όπλα, ή να ταξιδεύουν μέσα στο διάστημα.

Η Γη τότε θα γίνει σαν τον πλανήτη των Ελοχείμ: ένα φίλτρο συνείδησης όπου από τον αναβράζοντα πολιτισμό της σεξουαλικής αναπαραγωγής, νέοι άνθρωποι που αξίζουν την αιώνια ζωή θα παρουσιάζονται περιστασιακά και θα ενώνονται με τους αιωνίους, στον πλανήτη τους.

CYBORGS

Το καλοκαίρι του 2001, ο καθηγητής Κέβιν Γουόργουικ, επικεφαλής του Τμήματος Κυβερνητικής του Πανεπιστημίου του Reading στην Αγγλία, σχεδιάζει να εμφυτεύσει ένα ηλεκτρονικό τσιπ στον εαυτό του το οποίο θα επικοινωνεί με τον εγκέφαλό του, κάτι που θα τον κάνει το πρώτο «cyborg» στην ιστορία της ανθρωπότητας: εν μέρη άνθρωπος και εν μέρη μηχανή.

Το τσιπ θα εμφυτευτεί στον αριστερό του ώμο και θα ενωθεί με το μυαλό του μέσω νεύρων.

Ο στόχος του πειράματος, είναι να εξεταστεί η αλληλεπίδραση του μυαλού του και του ηλεκτρονικού στοιχείου που θα είναι ενωμένο με ένα Η/Υ.

Οι δυνατότητες αυτού του γάμου της βιολογίας και των ηλεκτρονικών είναι πραγματικά απεριόριστες.

Σε σύντομο χρονικό διάστημα, θα ανοίξει ένα νέο κόσμο για τους παραπληγικούς και τους ακρωτηριασμένους αναμεταδίδοντας άμεσα σήματα από τα μυαλά τους, στα τεχνητά ή παραλυμένα μέρη τους μέσω μικροσκοπικών φορητών υπολογιστών.

Αλλά αυτό είναι μόνο η αρχή, γιατί εκεί που πραγματικά θα έχει μεγάλο αντίκτυπο, είναι στην επέκταση των ικανοτήτων των εγκεφάλων μας.

Αντί να εξαντλούμε τους εαυτούς μας, προσπαθώντας να απομνημονεύσουμε και να ενσωματώσουμε τόσες πολλές πληροφορίες, κατά τη διάρκεια τόσων πολλών χρόνων στα σχολεία και τα κολέγια, αυτή η τεχνική θα μας επιτρέψει να συνδέουμε απλά τη μνήμη ενός Η/Υ απ' ευθείας με το μυαλό μας.

Για παράδειγμα, ας φανταστούμε ότι πρέπει να πάτε στην Κίνα και δεν μιλάτε ούτε μια λέξη Κινέζικα. Το μόνο που θα χρειαζόταν να κάνετε θα ήταν να βάλετε ένα μικρό τσιπ, μερικών χιλιοστών μόνο, μέσα σε μια πρίζα εμφυτευμένη στο σώμα σας, ας πούμε πίσω από το αυτί, το οποίο θα σας παρείχε τις σχετικές πληροφορίες, και αμέσως θα σας επέτρεπε να μιλάτε Κινέζικα!

Κάποιος θα μπορούσε επίσης να ενώσει τον εγκέφαλο με υπερυπολογιστές και να μπορεί να λύνει ακόμη και τα πιο περίπλοκα προβλήματα και να κάνει τους πιο δύσκολους υπολογισμούς.

ΝΕΕΣ ΤΕΧΝΟΛΟΓΙΕΣ ΚΑΙ Η ΠΡΟΣΤΑΣΙΑ ΤΟΥ ΠΕΡΙΒΑΛΛΟΝΤΟΣ

Η κλωνοποίηση θα μας επιτρέψει να σώσουμε τα απειλούμενα με εξαφάνιση είδη, και ακόμη να ξαναδημιουργήσουμε αυτά που ήδη αφανίστηκαν.

Μερικές ομάδες επιστημόνων ήδη προσπαθούν να κλωνοποιήσουν ένα μαμούθ από κύτταρα που διατηρήθηκαν σχετικά καλά στην παγωμένη τούντρα της Σιβηρίας. Ένας ελέφαντας θα μπορούσε να φιλοξενήσει τον κλώνο, έτσι ώστε σύντομα θα μπορούσαμε να δούμε μια αγέλη μαμούθ να βόσκει στις βόρειες πεδιάδες της Ρωσίας.

Η μόλυνση εξαλείφει εκατοντάδες ζώα και φυτά κάθε μέρα, αλλά η διαδικασία της κλωνοποίησης θα μπορούσε να χρησιμοποιηθεί για να τα σώσει, και θα μπορούσε επίσης να φέρει πίσω στη ζωή εκείνα τα είδη που αφανίστηκαν προ πολλού.

Και θα είμαστε ικανοί να εξαλείψουμε σχεδόν εντελώς την μόλυνση ανθρώπινης προέλευσης, χάρη στη νανο-τεχνολογία.

Η νανο-τεχνολογία αφαιρεί την ανάγκη για αγροκαλλιέργεια, κάτι που θα περιορίσει την ανάγκη για παρασιτοκτόνα, και θα σήμαινε το τέλος της διάβρωσης του εδάφους, και της μόλυνσης των ποταμών και ωκεανών μας.

Δεν θα χρειαζόμασταν εργοστάσια, έτσι δεν θα

υπήρχαν πια τοξικοί καπνοί που διασκορπίζονται στην ατμόσφαιρα.

Αφού δεν θα υπάρχει πλέον ανάγκη να εξάγουμε ορυκτά, θα μπορέσουμε να περιορίσουμε τις βαριές βιομηχανίες που σχετίζονται με τη διύλιση και μεταφορά αυτών των υλικών και την ίδια στιγμή θα περιορίζαμε και τη μόλυνση που σχετίζεται μ' αυτές τις διαδικασίες.

Η νανο-τεχνολογία δουλεύει στο ατομικό επίπεδο για να αναταξινομήσει την σύνθεση της ύλης, κι έτσι μας επιτρέπει να αποκτήσουμε όποιο υλικό θέλουμε, από οποιοδήποτε άλλο υλικό. Μπορεί να μετατρέψει σχεδόν οτιδήποτε σε οτιδήποτε, και αυτό μπορεί να γίνει οπουδήποτε, καθιστώντας κάθε εξόρυξη μεταλλεύματος εντελώς περιττή, ξεπερνώντας και τα πιο άγρια όνειρα των αρχαίων αλχημιστών μας.

Το όνειρό τους ήταν να βρουν την Φιλοσοφική Λίθο που θα μετέτρεπε το μολύβι σε χρυσάφι.

Αυτό είναι ακριβώς που μπορεί να κάνει η νανο-τεχνολογία. Ή θα μπορούσαμε να μετατρέψουμε ένα κάρβουνο σε διαμάντι, το χόρτο σε ξεροψημένο κοτόπουλο, ή βοδινό σχάρας ή ακόμη σε ένα κρασί με άρωμα που θα ξεπερνάει ακόμη και το πιο περιζήτητο vintage.

Η επακόλουθη εξάλειψη της εκτροφής ζώων, θα μειώσει επίσης την σημαντική μόλυνση που τώρα προκαλείται από τα περιττώματα των ζώων.

Αφού τα βασικά υλικά και τα προϊόντα αγροκαλλιέργειας δεν θα χρειάζεται πλέον να μεταφέρονται στους καταναλωτές, η μόλυνση του αέρα από βενζίνη και πετρέλαιο θα ελαττωθεί επίσης.

Αφού η βιομηχανική κατανάλωση θα ελαττωθεί στο μηδέν, οι μόνες ανάγκες των ανθρώπων για ενέργεια, θα περιοριστούν στον οικιακό ηλεκτρισμό.

Μόλις τα νοσοκομεία, τα σχολεία, και οι φυλακές γίνουν παρελθόν και οι λειτουργοί και γραφειακοί υπάλληλοι αντικατασταθούν από Η/Υ και ρομπότ, όχι μόνο θα έχουμε τρομερή εξοικονόμηση ενέργειας χάρη στην εξάλειψη τους, αλλά και η ανάγκη να ταξιδεύουμε προς και από αυτά τα μέρη θα εξαφανιστεί επίσης, εξοικονομώντας ακόμη περισσότερο χρόνο και πόρους για όλους.

Η Γη τότε θα μπορέσει δικαιωματικά να επανακτήσει το έδαφός της που της κλάπηκε και καπηλεύτηκαν οι πρωτόγονες βιομηχανίες μας, και θα επιστρέψει την περισσότερη από την επιφάνειά της πίσω στη Φύση, προς μεγάλη χαρά του ανθρώπινου είδους, το οποίο θα είναι τότε ικανό να ξαναανακαλύψει και να γυρίσει σε μια Φύση σχεδιασμένη για την απόλαυση και τον θαυμασμό μας.

ΕΝΑΣ ΠΟΛΙΤΙΣΜΟΣ ΑΠΟΛΑΥΣΗΣ

Για χιλιάδες χρόνια, οι άνθρωποι έπρεπε να δουλεύουν πολύ σκληρά για να επιβιώσουν, και οι θρησκείες τους ενθάρρυναν όσο αυτό ήταν απαραίτητο για την επιβίωση, τον εμπλουτισμό και την πρόοδο της ανθρωπότητας. «Θα κερδίζεις το ψωμί σου καθημερινά, με τον ιδρώτα του προσώπου σου» έλεγε η βίβλος.

Από την άλλη πλευρά, η ευχαρίστηση, οι ανέσεις και η αργία ήταν καταδικαστέες ως «αμαρτωλές». Αυτό ίσχυε κυρίως για την σεξουαλικότητα, που επιτρεπόταν μόνο ως μέθοδος αναπαραγωγής. Λεγόταν ότι «μια τίμια γυναίκα, δεν έχει καμία ευχαρίστηση», κάτι το οποίο δεν διαφέρει πολύ από την φιλοσοφία του γεννητικού ακρωτηριασμού.

Οι άνθρωποι έπρεπε να δουλεύουν αδιάκοπα για 12 ώρες την ημέρα, εφτά μέρες την εβδομάδα, και 365 μέρες το χρόνο. Μετά, όρισαν την Κυριακή σαν μέρα ξεκούρασης και αργότερα ήρθε η μια πληρωμένη βδομάδα διακοπών κάθε χρόνο, η οποία έγινε δύο, τρεις, τέσσερις και τελικά πέντε εβδομάδες σε μερικές χώρες. Η εβδομάδα εργασίας ελαττώθηκε από 84 ώρες σε 40, και η Γαλλία μόλις υιοθέτησε την 35ωρη εργάσιμη εβδομάδα.

Σταδιακά κατευθυνόμαστε προς έναν πολιτισμό ανέσεων που ήδη δημιούργησε τις δικές του βιομηχανίες, όπως τουρισμό όπου ταξιδεύουμε μόνο και μόνο για την ευχαρίστησή μας.

Ακόμη και η σεξουαλικότητα έχει πάρει ένα νέο νόημα στην κοινωνία. Τώρα, χάρη στην αντισύλληψη, μπορούμε να απολαμβάνουμε σεξ μόνο και μόνο για την ευχαρίστηση αντί να το συγχύζουμε με την αναπαραγωγή. Δεν χρειάζεται πλέον να φοβόμαστε την εγκυμοσύνη σαν αποτέλεσμα μιας θεϊκής τιμωρίας, από το διάσημο ρητό «θα γεννάς τα παιδιά σου με πόνους». Το σεξ τώρα είναι μια απόλαυση σαν όλες τις άλλες και δεν είναι μόνο για αναπαραγωγή.

Οι άνθρωποι του σήμερα παίρνουν απόλαυση απ' όλες τις δραστηριότητές τους, και θέλουν αυτό να αυξηθεί. Τα πάντα γίνονται πηγές ευχαρίστησης τώρα στην κοινωνία μας όπου οποιαδήποτε ενοχή λόγω της απόλαυσης έχει ευτυχώς σχεδόν εντελώς εξαφανιστεί.

Αυτό επιτρέπει στους ανθρώπους να ανθίσουν πολύ περισσότερο, και να είναι λιγότερο βίαιοι και στρατιωτικοποιημένοι, που σημαίνει δηλαδή πιο πολιτισμένοι.

Για την ακρίβεια, ο πρώτος αληθινός πολιτισμός στην ιστορία της ανθρωπότητας βρίσκεται στη διαδικασία της γέννησής του.

Πάντα με διασκεδάζει, όταν ακούω ανθρώπους να μιλούν με θαυμασμό για τους αρχαίους πολιτισμούς όπως της Ελλάδας, της Ρώμης, ή της Αιγύπτου. Εκείνοι δεν ήταν πολιτισμοί, ήταν απλά ένα μάτσο βάρβαροι, που δεν σκέφτονταν τίποτε άλλο παρά το πως θα κάνουν φέτες ο ένας τον άλλο, να κάνουν πολέμους και θυσίες, χρησιμοποιώντας παρθένες εάν ήταν δυνατό.

Πολιτισμός σημαίνει πολίτης, δηλαδή χωρίς στρατό και χωρίς βία.

Ένας αληθινός πολιτισμός, δηλαδή μια κοινωνία χωρίς στρατό, ποτέ δεν υπήρξε, ούτε στο παρελθόν, ούτε ακόμη και σήμερα.

Οι Ηνωμένες Πολιτείες της Αμερικής δεν είναι πολιτισμός επειδή έχει έναν από τους πιο ισχυρούς στρατούς στον κόσμο και είναι υπεύθυνη για το θάνατο εκατοντάδων Ιρακινών παιδιών κάθε μέρα λόγω του εμπάργκο που επέβαλαν μέσω της μαριονέτας τους, τον Οργανισμό Ηνωμένων Εθνών, για να μην αναφέρουμε το μεγαλύτερο έγκλημα που διαπράχτηκε ποτέ εναντίον της ανθρωπότητας για το οποίο μέχρι και σήμερα δεν πέρασαν ποτέ από δίκη, και το οποίο είναι ο ατομικός βομβαρδισμός της Χιροσίμα και του Ναγκασάκι, στόχος των οποίων ήταν ξεδιάντροπα, να κτυπήσουν 100 % άμαχο πληθυσμό.

Μόνο όταν μια κοινωνία είναι εντελώς αποστρατικοποιημένη και μη βίαιη μπορεί να ονομαστεί πραγματικός πολιτισμός, και αυτό δεν έχει ακόμη επιτευχθεί.

Ο καλύτερος τρόπος για να επιτευχθεί αυτό είναι να δημιουργηθεί μια κοινωνία με βάση την εκπλήρωση, στην οποία οι άνθρωποι παίρνουν τόση πολλή ευχαρίστηση, ώστε δεν έχουν απολύτως καμία όρεξη να την χάσουν πηγαίνοντας στον πόλεμο.

Για ανθρώπους που ζουν μια μίζερη ζωή, μοχθώντας και υποφέροντας για την επιβίωση, ο πόλεμος είναι σχεδόν ένα καλοδεχούμενο διάλειμμα για το οποίο ξεκινούν τραγουδώντας, γεμάτοι ελπίδα, με το όνειρο να γίνουν ήρωες, να κερδίσουν μετάλλια, να αναγνωριστούν και να ανακαλύψουν νέα εδάφη.

Αλλά αν η ζωή είναι υπερβολικά ευχάριστη όπου δουλεύουμε μόνο μερικές ώρες την εβδομάδα σε μια δουλειά που απολαμβάνουμε, έχοντας άφθονο χρόνο να ολοκληρώνουμε τους εαυτούς μας, διασκεδάζοντας με διαρκώς νέες απολαύσεις -όπως αθλήματα, σινεμά, Η/Υ, ταξιδεύοντας σε νέες χώρες κατά τη διάρκεια μακριών διακοπών- τότε κανένας δεν θα θέλει να πετσοκόψει τον εαυτό του στο πεδίο της μάχης.

Ακόμη περισσότερο, ο μύθος του ηρωισμού έχει επιτέλους αποκαλυφθεί σε όλη του τη φρίκη με την θαυμαστή χρήση του ρεπορτάζ και της κινηματογραφίας του σήμερα όπου μπορούμε να δούμε πόσο πραγματικά μάταιος και τρομερός είναι ο πόλεμος. Εικόνες από παραμορφωμένα πρόσωπα, διαμελισμένα κορμιά, ανατιναγμένα μέλη από νάρκες, και πτώματα να επιστρέφουν πίσω στο σπίτι σε πλαστικές σακούλες είναι πολύ πιο ορατά σήμερα χάρη στην τεχνολογία. Το να ρισκάρεις όλα αυτά για ένα μετάλλιο, δεν φαίνεται να είναι και τόσο δίκαιο τώρα πια, και ξαφνικά συνειδητοποιούμε ότι θα είμαστε καλύτερα αν μείνουμε σπίτι, απολαμβάνοντας το τι έχουμε.

Η απόλαυση σ' όλες τις παραλλαγές της είναι ο εχθρός του μιλιταρισμού και των θρησκειών. Αυτά τα δύο δηλητήρια πάντα ήταν σύμμαχοι στην εκμετάλλευση των ανθρώπων, όπως έλεγε και παλιά ο κόσμος, το σπαθί και ο σταυρός.

Αλλά στην νέα κοινωνία, κάθε δραστηριότητα είναι σχεδιασμένη για ευχαρίστηση και απόλαυση.

Η απελευθέρωση των γυναικών υπήρξε ένα γεγονός κλειδί στο δρόμο γι' αυτόν τον πολιτισμό ευχαρίστησης.

Οι γυναίκες υπέφεραν τόσο πολύ με το να είναι στην ουσία παντοτινές σκλάβες των αντρών. Αλλά τώρα, χάρη στην επιστήμη, δεν χρειάζεται πια να πηγαίνουν πλέον στο ποτάμι για να πλένουν τα ρούχα και τα πιάτα για όλους, και, ακόμη σημαντικότερο, τώρα μπορούν να ελέγχουν την σεξουαλικότητά τους. Τώρα, χάρη στην αντισύλληψη, μπορούν να διαλέγουν οι ίδιες αν θέλουν ευχαρίστηση αντί για αναπαραγωγή.

Οι θεραπευτικές εκτρώσεις για τη διόρθωση λαθών, συνέβαλαν κι αυτές στην δύναμη της απόφασής τους.

Και σταδιακά, η σεξουαλικότητα εγκαθίσταται ως ένας από τους πιο σημαντικούς δρόμους προς την ευχαρίστηση των ανθρωπίνων όντων.

Μόνο ένας Πάπας, εντελώς αποκομμένος από την πραγματικότητα μπορεί να συνεχίζει το παραδοσιακό «αυξάνεστε και πληθύνεστε», καταδικάζοντας και την αντισύλληψη και τις εκτρώσεις, παρόλο του ότι είμαστε ήδη έξι δισεκατομμύρια άνθρωποι στην Γη, με έναν αυξανόμενα επείγον πρόβλημα υπερπληθυσμού. Αλλά, η παράδοση καταδικάζει τον ένα πάπα μετά τον άλλο να συνεχίζει να διδάσκει την ίδια παλιά φράση. Φυσικά, αυτό το μήνυμα ήταν έγκυρο μερικές χιλιάδες χρόνια πριν, όταν ήταν απαραίτητο να εποικήσουμε τη Γη, αλλά τώρα, είναι αντιπαραγωγικό.

Αλλά, δεν μπορεί να πει κάτι άλλο αφού είναι γραμμένο στη Βίβλο. Ακόμη κι αν φτάναμε τον αφάνταστο και επικίνδυνο αριθμό των 100 ή 200 δισεκατομμυρίων ανθρώπων στη Γη, και αναγκαζόμασταν να ζούμε σε τρία τεχνητά στρώματα εδάφους, μολυσμένοι και δηλητηριασμένοι από τις τοξικές αναθυμιάσεις των εκατομμυρίων τόνων ανθρώπινων περιττωμάτων, που θα απειλούσαν όλη τη ζωή στη γη, το μόνο που θα ήταν ικανός να κάνει θα ήταν να επαναλαμβάνει την ίδια τετριμμένη φράση: «αυξάνεστε και πληθύνεστε»... εκτός κι αν είναι πρόθυμος να αλλάξει τα δικά του ιερά (αλλά όχι γερά) γραπτά.

Αλλά, ευτυχώς για όλους, ο αριθμός των Καθολικών θα έχει μειωθεί δραστικά πριν απ' όλ' αυτά σε μια διαδικασία που έχει ήδη αρχίσει, όπως μαρτυρούν οι πρακτικά άδειες εκκλησίες στις πρωινές Κυριακάτικες λειτουργίες, και ο φθίνων αριθμός των ιεροσπουδαστών που θέλουν να γίνουν ιερείς.

Η σεξουαλική ελευθερία, σιγά -σιγά, εγκαθιδρύεται και συνεισφέρει στην καταστροφή παλιών ταμπού.

Και, ευτυχώς, η παράδοση του γάμου, που ενώνει δύο ανθρώπους «μαζί στην αιωνιότητα», επίσης χάνει έδαφος.

Μέχρι και τον τελευταίο αιώνα, όταν η αναμενόμενη διάρκεια ζωής δεν ξεπερνούσε τα 35 χρόνια, ήταν εύκολο να ζεις για πάντα με τον ίδιο σύντροφο. Στην πραγματικότητα, αυτό το «για πάντα» δεν ήταν περισσότερο από 15 χρόνια αν οι άνθρωποι παντρεύονταν στην ηλικία των 20 χρονών περίπου.

Αλλά τώρα, που ο μέσος όρος διάρκειας ζωής είναι γύρω στα 85 χρόνια, το «για πάντα» αυξήθηκε από τα 15 σε 65 χρόνια, το οποίο είναι πολύ διαφορετικό. Παρόλο που είναι σχετικά εύκολο να ζει ο ένας με τον άλλο για 15 χρόνια, ειδικά με τον επιπρόσθετο βιολογικό δεσμό του να βλέπουν τα παιδιά τους να μεγαλώνουν, είναι πολύ πιο δύσκολο για ένα ζευγάρι να μείνει μαζί όταν τα παιδιά γίνουν ενήλικες και πετάξουν μακριά τη φωλιά της οικογένειας.

Και, εκτός αν υπάρχει μια εξαιρετική πνευματική σχέση, είναι υπερβολικά δύσκολο για ένα ζευγάρι να μείνει μαζί στα 40, έχοντας ζήσει ο ένας με τον άλλον τουλάχιστον τη μισή του ζωή, με ακόμη 45 χρόνια ζωής μπροστά του, και χωρίς την επιθυμία να έχουν μαζί ένα ακόμη παιδί. Να γιατί στις μοντέρνες χώρες, το 50% των γάμων καταλήγει σε διαζύγιο. Και μερικές φορές, αυτό το διαζύγιο συμβαίνει πριν ακόμη φύγουν τα παιδιά, αφού βρίσκουμε ότι σε μερικές χώρες το 50% των οικογενειών είναι μονογονεϊκά νοικοκυριά.

Επιπρόσθετα, οι γυναίκες στο σύνολό τους έχουν γίνει ανεξάρτητες οικονομικά. Έχουν τις δικές τους δουλειές κάτι που κάνει πιο εύκολο το να χωρίσουν το σύντροφό τους. Η γυναίκα δεν «εξαρτάται» πλέον από τον άντρα της για την επιβίωσή της. Τώρα μπαίνει σε μια θέση στην οποία μπορεί να διαλέξει τη ζωή που θέλει χωρίς να χρειάζεται να υπομένει κάποιον που δεν της αρέσει πια, μόνο και μόνο για να έχει φαγητό και στέγη. Και, στην πραγματικότητα, τώρα που γίνονται οικονομικά ανεξάρτητες, όλο και περισσότερες γυναίκες επιλέγουν να έχουν παιδιά χωρίς γάμο.

Ο Πάπας μπορεί να συνεχίζει να καταδικάζει το διαζύγιο, αλλά περισσότερο από το 50% των ζευγαριών δεν τον ακούει πλέον και παίρνουν διαζύγιο όταν δεν είναι πια ευτυχισμένοι μαζί.

Οι όποιες συντηρητικές δυνάμεις προσπαθούν να ισχυριστούν ότι τα παιδιά των διαζευγμένων επηρεάζονται αρνητικά από το χωρισμό των γονιών τους, αλλά κάνουν λάθος. Στην πραγματικότητα, οι περισσότεροι άνθρωποι που πέτυχαν και πραγματοποίησαν επαγγελματικούς και συναισθηματικούς στόχους είναι παιδιά χωρισμένων γονιών. Αυτό δεν μας εκπλήσσει καθώς είναι καλύτερα να ζεις σε αρμονία με ένα μόνο γονιό, παρά να ζεις ανάμεσα στην δυσαρμονία δύο γονιών που συνεχώς διαφωνούν, μαλώνουν, ή απειλούν ο ένας τον άλλο.

Να γιατί εμείς γιορτάζουμε τους μη-μόνιμους γάμους. Ο Ραελιανός ιερέας, παντρεύει το ζευγάρι λέγοντας: «να είστε ευτυχισμένοι μαζί, ανεξάρτητα αν θα είναι για μια βδομάδα, ένα μήνα, έναν χρόνο ή όλη σας τη ζωή. Αλλά να έχετε τη σοφία να χωρίσετε, αν σταματήσετε να τα πάτε καλά, και πριν να αρχίσετε να μισείτε ο ένας τον άλλο».

Με το ίδιο σκεπτικό γιορτάζουμε τα διαζύγια, αφού για μας οτιδήποτε είναι μια ευκαιρία για γιορτή και διασκέδαση. Ο Ραελιανός ιερέας χωρίζει το ζευγάρι λέγοντας: «ζήσατε μαζί ευτυχισμένα για κάποιο χρονικό διάστημα, τώρα συνεχίστε να ζείτε ευτυχισμένα χωρισμένοι με την ίδια αγάπη και σεβασμό που είχατε ο ένας για τον άλλο όταν ήσασταν μαζί». Και η τελετή τελειώνει μ' ένα τελευταίο φιλί αποχαιρετισμού. Αυτή η διαρκής αρμονία μεταξύ χωρισμένων ζευγαριών είναι πολύ σημαντική, ειδικά αν υπάρχουν και παιδιά. Και τα παιδιά μπορούν επίσης να βοηθήσουν στην τελετή.

Αυτό θα επιτρέψει στα παιδιά να δουν από πρώτο χέρι πως είναι δυνατό να ζεις και στη συνέχεια να χωρίζεις με αρμονία, πράγμα που είναι πολύ σημαντικό για την ανάπτυξή τους.

Ο τρόπος με τον οποίο οι παλαιές παραδοσιακές

θρησκείες συσχετίζουν το φταίξιμο και την ενοχή με το διαζύγιο εξυπηρετεί μόνο στο να φουντώνει τη φωτιά της πικρίας, και μερικές φορές ακόμη και της βίας, μετατρέποντας τη διαδικασία του χωρισμού, που στην πραγματικότητα θα μπορούσε να είναι τόσο αρμονική όσο και μια ένωση.

Αλλά ευτυχώς, τέτοιες ξεπερασμένες ενοχές, εξαφανίζονται σιγά-σιγά.

Η αναμενόμενη διάρκεια ζωής μας είναι τώρα στα 85 χρόνια περίπου, και ξέρουμε ότι φτάνει ήδη τα 120 χρόνια, και πολύ σύντομα θα προχωρήσει στα 200 χρόνια, και τελικά στα 900 χρόνια. Τότε, χάρη στην κλωνοποίηση, θα είμαστε ικανοί να ζούμε για πάντα, και κατά τη διάρκεια όλου αυτού του χρόνου δεν θα χρειάζεται να δουλεύουμε.

Αν είναι πιο δύσκολο για δύο ανθρώπους να ζουν μαζί για 85 χρόνια σε σύγκριση με τα 35, τότε φανταστείτε πως θα είναι όταν ζούμε 900 χρόνια... και κάποια στιγμή για πάντα! Να γιατί, εκτός από μερικές υπέροχες εξαιρέσεις όπου μερικά ζευγάρια πραγματικά θα ζουν αιώνια για πάντα, η τεράστια πλειοψηφία των ανθρώπων θα έχει έναν άπειρο αριθμό συντρόφων με τους οποίους θα ζουν για διάφορα χρονικά διαστήματα.

Από μόνο του το γεγονός ότι θα πρέπει να διαλέξεις μεταξύ του δικαιώματος της αιώνιας ζωής και του να αποκτήσεις ένα παιδί πιθανότατα θα σημαίνει ότι θα υπάρχουν πολύ λίγα παιδιά, το οποίο θα δίνει έναν ακόμη λόγο στους ανθρώπους να χωρίζουν χωρίς προβλήματα και να ζουν σε ένα συνεχές ρεύμα νέων απολαύσεων και ανθρώπων. Η δυνατότητα της αιώνιας ζωής σε μια κοινωνία στην οποία άνθρωποι δεν θα χρειάζονται πλέον να δουλεύουν θα σημαίνει ότι οι άνθρωποι θα ζουν συνεχώς στην ευχαρίστηση σε ένα σύμπαν παιχνιδιού.

Εναλλάσσοντας ανάμεσα σε παιχνίδια εικονικής πραγματικότητας και εμπειρίες, και   πραγματικές ερωτικές επαφές με άλλα ανθρώπινα όντα ή με βιολογικά ρομπότ, και αγάπη ή φιλία με συνανθρώπους μας, και ηλεκτρονικά ναρκωτικά, ή και με την μελέτη και πρακτική, μεταξύ άλλων, των τεχνών και επιστημών, κάθε καινούρια μέρα θα γίνει μια σειρά από ποικίλες και διαδοχικές απολαύσεις.

ΤΑ ΣΠΙΤΙΑ ΤΟΥ ΜΕΛΛΟΝΤΟΣ

Τα σπίτια του μέλλοντος θα είναι εντελώς διαφορετικά απ' αυτά του σήμερα. Νέες τεχνολογίες θα κάνουν τα μελλοντικά κτίριά μας, για ατομική ή κοινή χρήση, να είναι εντελώς αυτάρκη.

Σήμερα, κάθε κτίριο εξαρτάται από ένα κεντρικό δίκτυο για την παροχή ενέργειας, το νερό, την απομάκρυνση των σκουπιδιών, κτλ. Το ίδιο ισχύει και για το φαγητό, του οποίο το σύστημα διανομής λειτουργεί παράλληλα με τα προαναφερθέντα.

Αλλά στο μέλλον, όλες αυτές οι υποδομές θα είναι άχρηστες.

Το φαγητό μας δεν θα εξαρτάται από το αγροτικό μοντέλο όπως γίνεται σήμερα, αλλά θα παράγεται από ατομικούς συνθέτες φαγητού. Καθώς αυτοί θα χρησιμοποιούν νανο-τεχνολογία για να δημιουργούν ότι φαγητό θέλουμε από τα βασικά στοιχεία, όπως μια βοδινή μπριζόλα, ένα μπούτι κοτόπουλου, ή οποιοδήποτε φρούτο, λαχανικό, ή ποτό, επιθυμούμε, όλη η βιομηχανία φαγητού και η αγροτική και γεωργική βιομηχανία, θα εξαφανιστούν.

Το μόνο που θα χρειάζεται να κάνουμε είναι να εξασφαλίζουμε ότι οι συνθέτες φαγητού συνεχώς εφοδιάζονται με όλα τα στοιχεία του πίνακα του Μεντελέγιεφ. Όπως τώρα έχουμε νερό διαθέσιμο από τις βρύσες, έτσι θα έχουμε μια έτοιμη πηγή «νερού

Μεντελέγιεφ» σε κάθε κατοικία.

Αλλά ακόμη κι αυτό το σύστημα θα αντικατασταθεί από το τελικό στάδιο της ολοκληρωτικής αποκέντρωσης όπου οι συνθέτες φαγητού θα ενσωματωθούν σε ένα ολοκληρωμένο σύστημα χειρισμού ύλης και ενέργειας, για κάθε κατοικία. Έτσι, κάθε σπίτι ή διαμέρισμα θα γίνει τελικά 100 τοις εκατό αύταρκες.

Τα ούρα μας θα ανακυκλώνονται από την νανο-τεχνολογία που θα εξάγει 100 τοις εκατό αγνό νερό απ' αυτά, ενώ δεν θα ξεχνά ν' αφήνει τα απαραίτητα ιχνοστοιχεία, δίνοντάς μας να πιούμε τέλειο νερό πηγής. Το ίδιο ισχύει και για τα κόπρανα. Θα ξαναχρησιμοποιούνται και θα ανακυκλώνονται στο αυριανό μας φαγητό μαζί με τις πολύτιμες ανόργανες ουσίες που εξάγονται από τα ούρα μας.

Σ' ένα τέτοιο σύστημα, δεν θα υπάρχει πλέον η ανάγκη να φέρνουμε φαγητό από, ούτε να ρυπαίνουμε, την ύπαιθρο. Αφού τα πάντα ανακυκλώνονται, θα μόνο που θα χρειαζόταν σποραδικά θα ήταν μερικά γραμμάρια ύλης, ή σκόνης του Μεντελέγιεφ, μ' όλα τα στοιχεία και μερικά λίτρα νερό.

Σε έναν τέτοιο χώρο διαμονής, ακόμη και ο αέρας που αναπνέουμε μπορεί να φιλτράρεται συνεχώς και να ανακυκλώνεται η σκόνη, καθώς επίσης και η υγρασία που αναπνέουμε ή αποβάλλουμε με τον ιδρώτα.

Ακόμη και οι ανάγκες μας σε ηλεκτρισμό μπορούν να παραχθούν από μεμονωμένα στοιχεία, επίσης βασισμένα στην νανο-τεχνολογία, στεγαζόμενα σε κουτιά όχι μεγαλύτερα από ένα μικρό πλυντήριο και θα παράγουν επαρκή ενέργεια για φωτισμό, θέρμανση, ή δροσιά για όλο το σπίτι. Θα μπορούσαν να χρησιμοποιούν τα άτομα του υδρογόνου στον αέρα σ' ένα σύστημα που παντρεύει την νανο-τεχνολογία με στοιχεία καυσίμων.

Η ηλεκτρονική πληροφόρηση θα αντικαταστήσει επιτέλους τις εφημερίδες και τα περιοδικά, και πολύ άργησε καθώς η βιομηχανία της παγκόσμιας πληροφόρησης όχι μόνο είναι υπεύθυνη για την αποψίλωση εκατομμυρίων εκταρίων δασών, αλλά και για αχαλίνωτη μόλυνση των υδάτων και του αέρα από την επεξεργασία βαφών και λευκαντικών. Κι όλη αυτή η ζημιά γίνεται μόνο και μόνο για να εκτυπώσουν κυρίως σκουπίδια που θα πεταχτούν στον κάλαθο των αχρήστων την επόμενη μέρα εκεί που ανήκουν, αλλά όπου δυστυχώς θα προστεθούν στο ολοένα αυξανόμενο βουνό σκουπιδιών που κανένας δεν ξέρει τι να κάνει μ' αυτό, και που και αυτός μολύνει το λίγο καθαρό χώρο που μας απόμεινε.

Παρόλα αυτά, με τα αυτάρκη σπίτια που συντηρούνται από την νανο-τεχνολογία, όλα αυτά τα προβλήματα λύνονται.

Θα εξαφανιστεί κάθε εξάρτηση από εξωτερικά συστήματα διανομής ενέργειας, φαγητού, νερού και αποκομιδής απορριμμάτων.

Η σύνδεση με τόσο ζωτικά συστήματα όπως το ίντερνετ και άλλα συστήματα τηλεπικοινωνίας θα επιτυγχάνεται άμεσα μέσω δορυφόρου, με κάθε σπίτι να έχει τη δική του αντένα.

Το ίδιο το σπίτι θα μπορεί να είναι κατασκευασμένο από βιολογικό υλικό, ή να περιλαμβάνει νανομπότ μέσα στην κατασκευή του. Για παράδειγμα, τα δάπεδα θα μπορούσαν να καλύπτονται μια παχιά, απαλή γούνα που θα φυτρώνει απευθείας πάνω σε ζωντανό δέρμα, το οποίο θα τρέφεται με σκόνη και παλιές τρίχες, για να παράγει συνεχώς καινούριες, με νανομπότ να καθαρίζουν συνεχώς τα ίδια τις τρίχες.

Οι τοίχοι θα μπορούσαν να αυτο -καθαρίζονται και να αυτο-επιδιορθώνονται, θα μπορούσαν να αλλάζουν χρώματα, και να ενσωματώνουν κάθε σχέδιο που θα επιθυμούσες. Θα μπορούσες να επιλέγεις τα διακοσμητικά μοτίφ πάνω στους τοίχους του σπιτιού σου, όπως μπορείς να επιλέγεις ένα screen saver για το κομπιούτερ σου. Θα μπορούσες να τα βάζεις να αλλάζουν κάθε μέρα, ή ακόμη και πολλές φορές την ημέρα.

Πράγματι, θα μπορούσες να ζωντανεύεις τα χρώματα και να τα κάνεις να αλλάζουν συνεχώς από μόνα τους, ή μόνο σε συγκεκριμένες ώρες.

Θα μπορούσες επίσης να κινείς τα παράθυρα μέσα στον τοίχο όπως θέλεις, αφού η νανο-τεχνολογία θα μας επιτρέπει να κάνουμε την ύλη διαφανή, κατά βούληση.

Όταν θα αποφασίζεις να κτίσεις ένα σπίτι κάπου, δε θα χρειάζεται να προσλάβεις εργάτες. Το μόνο που θα χρειάζεται να κάνεις θα είναι να φέρεις ένα κουτί με νανομπότ, ειδικά προγραμματισμένα γι' αυτό τον σκοπό. Θα πολλαπλασιάζονται μέχρι να υπάρχουν αρκετά απ' αυτά για να κτίσουν το σπίτι σου απλά αναδιοργανώνοντας τα άτομα του εδάφους στα απαιτούμενα μόρια του σπιτιού σου. Δεν θα δεις καν τα μικροσκοπικά νανομπότ να δουλεύουν. Το μόνο που θα δεις θα είναι το σπίτι σου να μεγαλώνει σαν ένα τεράστιο μανιτάρι, ακολουθώντας το σχέδιο που επέλεξες νωρίτερα.

Και, αν θελήσεις να μετακομίσεις κάπου αλλού αργότερα, κανένα πρόβλημα. Τα ίδια νανομπότ θα ακολουθούν τις διαταγές σου και θα απεγκαταστήσουν (uninstall) ολόκληρο το σπίτι, επαναφέροντας τη γη στην αρχική της μορφή, αποκαθιστώντας ακόμη και το γρασίδι και επιβλητικά δέντρα, αφήνοντάς τα όπως ακριβώς ήταν πριν τα αγγίξεις.

Θα είναι ακριβώς σαν να φυτεύεις ένα σπόρο στον κήπο σου για να βλαστήσει και να μεγαλώσει να γίνει σπίτι.

ΜΑΚΡΟΒΙΟΛΟΓΙΑ

Οι άνθρωποι άρχισαν να μελετούν τη ζωή στο δικό τους επίπεδο και ονόμασαν αυτή τη μελέτη, βιολογία ή επιστήμες ζωής.

Μετά εφηύραν το μικροσκόπιο για να μελετούν το απείρως μικρό και ανακάλυψαν ότι ζωή υπάρχει επίσης και σε μικροσκοπικό επίπεδο, όπως μονοκύτταροι οργανισμοί, και ότι κι εμείς οι ίδιοι αποτελούμαστε από κύτταρα σχεδόν όμοια μ' αυτούς, μόνο που τα δικά μας κύτταρα είναι τηγμένα μαζί.

Το επόμενο βήμα θα είναι η μακροβιολογία. Αυτή θα είναι μια νέα επιστήμη όπου ο άνθρωπος θα εξετάζει την ίδια την ανθρωπότητα σαν ένα μακρο-οργανισμό με κάθε άνθρωπο να είναι ένα από τα κύτταρά της.

Η ανθρωπότητα αναπτύσσεται ακριβώς κατά τον ίδιο τρόπο που αναπτύσσεται ένα έμβρυο στην μήτρα της μητέρας του.

Το έμβρυο αρχίζει μ' ένα μονάχα κύτταρο που προκύπτει από την ένωση του σπέρματος και του ωαρίου, το καθένα φέρνοντας το δικό του μισό του γενετικού κώδικα, για να σχηματίσει αυτό το πρώτο ολοδύναμο κύτταρο. Είναι ολοδύναμο διότι περιέχει όλες τις πληροφορίες για τον σχηματισμό κυττάρων που μπορούν να γίνουν οποιοδήποτε κύτταρο του ανθρώπινου σώματος, όπως ένα κύτταρα του συκωτιού, ένα κύτταρο των νεφρών, ένα κύτταρο του εγκεφάλου. Το κάθε παραμικρό κομματάκι του μελλοντικού ανθρώπινου σώματος περιέχεται σ' αυτό το πρώτο κύτταρο. Και, για τις πρώτες λίγες εβδομάδες, αυτό το κύτταρο θα διαιρείται σε άλλα ολοδύναμα κύτταρα, όπως το ίδιο. Αλλά τότε, κάποια στιγμή, αυτά τα κύτταρα αρχίζουν ξαφνικά να σχηματίζουν εξειδικευμένα κύτταρα, όπως κύτταρα του συκωτιού ή εγκεφαλικά, που έχουν χάσει την πολυδυναμικότητά τους και δεν μπορούν να είναι οτιδήποτε άλλο εκτός αυτό στο οποίο εξειδικεύονται.

Στην αρχή της ανθρωπότητας, ήταν ακριβώς το ίδιο.

Οι πρώτοι άνθρωποι ήταν ικανοί να κάνουν όλες τις απαραίτητες εργασίες για την επιβίωση, όπως το να βρίσκουν φαγητό, να κάνουν τα δικά τους ρούχα και παπούτσια, να κτίζουν τα δικά τους σπίτια.

Αλλά, στις μοντέρνες κοινωνίες μας, τα «ανθρώπινα κύτταρα» δεν κάνουν πλέον τα πάντα μόνα τους. Οι άνθρωποι που ζουν στις μεγάλες πόλεις σήμερα δεν παράγουν το δικό τους φαγητό, δεν φτιάχνουν τα δικά τους ρούχα από ακατέργαστα υλικά που μάζεψαν οι ίδιοι από τη φύση, ούτε φτιάχνουν τα δικά τους παπούτσια από το δέρμα ζώων που κυνήγησαν οι ίδιοι.

Καθώς τα κύτταρα εξειδικεύθηκαν στη λειτουργία τους, μπόρεσαν να σχηματίσουν διάφορα όργανα τα οποία δουλεύουν μαζί μέσα σ' ένα συνεχώς αυξανόμενα πολυσύνθετο σώμα, όπως και η ανθρώπινη εξειδίκευση σε συγκεκριμένες τέχνες, εγκαθίδρυσε τα διάφορα επαγγέλματα, μέσα σε μια συνεχώς αναπτυσσόμενη πολυσύνθετη ανθρωπότητα.

Φυσικά, υπάρχουν ακόμη άνθρωποι που παράγουν φαγητό, αλλά το διαθέτουν σε όλη την κοινωνία με αντάλλαγμα χρήματα τα οποία χρησιμοποιούν για να αγοράζουν ρούχα από ανθρώπους που ειδικεύονται στην κατασκευή ρούχων, και για να αγοράσουν παπούτσια από ανθρώπους που ειδικεύονται μόνο στα παπούτσια.

Για την ακρίβεια, η εξειδίκευση επιταχύνεται σε τέτοιο

σημείο που οι γιατροί μπορούν να θεραπεύουν μόνο την ειδικότητά τους, όπως η καρδιά, οι πνεύμονες ή εγκέφαλος. Και αυτό ισχύει για κάθε τμήμα της κοινωνίας, είτε μιλάμε για Η/Υ, αυτοκίνητα ή αεροπλάνα. Κάθε μέρος αυτών των προϊόντων κατασκευάζεται από ειδικούς που ασχολούνται μόνο με εκείνο το συγκεκριμένο μέρος.

Επίσης, όπως κάθε όργανο του εμβρύου αναπτύσσεται σε μια συγκεκριμένη στιγμή σε μια ακριβή χρονική ακολουθία, έτσι και κάθε εξειδικευμένη δραστηριότητα εμφανίζεται σε μια συγκεκριμένη χρονική στιγμή σύμφωνα με την αυστηρά καθορισμένη ακολουθία στην ανάπτυξης της ανθρωπότητας.

Αυτές οι στιγμές ορίζονται από ένα ημερολόγιο που βασίζεται στον αριθμό των κυτταρικών αναπαραγωγών, ή με άλλα λόγια είναι ανάλογο με το πέρασμα του χρόνου.

Για παράδειγμα, οι γιατροί μπορούν να πουν ακριβώς σε ποιο σημείο στο χρόνο ένα έμβρυο θα αναπτύξει το κάθε όργανο.

Το ίδιο ισχύει και για την ανθρωπότητα.

Κάθε ανθρώπινο ον είναι ένα κύτταρο του σώματος αυτού του τεράστιου αναπτυσσόμενου εμβρύου της ανθρωπότητας.

Και, όπως το έμβρυο, που μια μέρα θα είναι έτοιμο να γεννηθεί, όταν όλα τα όργανά του έχουν αναπτυχθεί κανονικά, έτσι και το μωρό-ανθρωπότητα, θα γεννηθεί μόλις θα έχει αναπτύξει όλα του τα όργανα.

Όλες οι νέες τεχνολογίες που εξετάσαμε σ' αυτό το βιβλίο αντιπροσωπεύουν τα τελικά στάδια στην ανάπτυξη αυτού του μωρού-ανθρωπότητας, που πρέπει να τα περάσει πριν γεννηθεί.

Είμαστε όλοι κύτταρα αυτού του τεράστιου μωρού-ανθρωπότητας και όλοι μαζί συγκροτούμε μια συλλογική συνείδηση. Και, η απόκτηση αιώνιας ζωής για τους εαυτούς μας, τα κύτταρά του, θα καταστήσει και το ίδιο επίσης αιώνιο. Και, καθώς οι αφυπνισμένοι άνθρωποι θα να στην ανθρώπινη κλωνοποίηση

συνδέονται η ατομικές τους συνειδήσεις θα συνενώνονται μαζί για να σχηματίσουν μια παγκόσμια συνείδηση έτοιμη να συνδεθεί με άλλες παγκόσμιες συνειδήσεις σ' άλλους πλανήτες σε άλλα μέρη του άπειρου σύμπαντος.

Αλλά, όσο η συνείδηση της αναπτυσσόμενης εμβρυϊκής ανθρωπότητάς μας παραμένει αποσπασματική, (όπως πάντα ήταν και πάντα θα είναι μέχρι να γίνουμε αιώνιοι), δεν μπορεί να επικοινωνήσει με άλλες παγκόσμιες συνειδήσεις, σ' άλλα μέρη του σύμπαντος.

Να γιατί είναι τόσο ζωτικό το κάθε άτομο να είναι διαφορετικό και να εκφράζει την ατομικότητά του.

Επειδή η δύναμη του όλου είναι ανάλογη με την ποικιλομορφία των συντελεστών του.

Όσο πιο πολύ διαφέρουμε, τόσο πιο πολύ εμπλουτίζουμε το όλο του οποίου είμαστε μέρος.

Οι εχθροί της παγκόσμιας συνείδησης είναι οι κανονικοποιητές. Οι κανονικοποιητές είναι αυτοί που μαστιγώνουν όποιον σκέφτεται διαφορετικά από το κανονικό. Επίσης, καταδιώκουν όποιους δεν είναι πολιτικά, θρησκευτικά ή σεξουαλικά ορθοί. Είναι οι συγκεντρωτικοί, οι συντηρητικοί, οι «αντιαιρετικές αιρέσεις», και οι φανατικοί του σκοταδισμού που διατήρησαν ξεπερασμένες θρησκευτικές ηθικές από την αρχή της ιστορίας, των οποίων οι δημιουργοί ήταν οι χειρότεροι τύπο αμαρτωλών καθόλου διαφορετικοί από κείνες τις πρωτόγονες φυλές του πλανήτη, που αποκαλούν τους εαυτούς τους σαμάνους ή μάγους γιατρούς, χορεύοντας με φυλακτά στο λαιμό τους προσπαθώντας μάταια να καλέσουν πνεύματα για να θεραπεύσουν ένα παιδί, το οποίο θα σωζόταν αμέσως από μια δόση αντιβιοτικού.

Χωρίς επιστήμη, ο άνθρωπος δεν είναι κάτι περισσότερο από ένα πρωτόγονο ζώο.

Η πιο εξελιγμένη επιστήμη θα είναι αυτή που θα μελετά το «όλο» του οποίου είμαστε μέρος, δηλαδή η μακροβιολογία.

Αυτή η επιστήμη θα μας επιτρέψει να καταλάβουμε όχι μόνο τον τρόπο με τον οποίο αυτή η τεράστια ανθρωπότητα της οποία είμαστε μέρος λειτουργεί, αλλά επίσης το ρόλο της, στο απείρως μεγάλο σύμπαν, την αλληλεπίδρασή της με άλλες παρόμοιες παγκόσμιες συνειδήσεις σε άλλα μέρη του διαστήματος και την δυνατότητα δημιουργίας νέων ανθρωποτήτων σε άλλους, προς το παρόν, ακατοίκητους πλανήτες.

Και θα μας επιτρέψει να καταλάβουμε τον πραγματικό μας ρόλο μέσα στο άπειρο: ύλη που αποκτά συνείδηση του εαυτού της.

Παρόλο που η ορθολογική εξήγηση του σύμπαντος που προσφέρει η μακροβιολογία, θα ικανοποιήσει την υπέρτατη περιέργειά μας, η πραγματική της λειτουργία είναι το να επιτρέψει στους ανθρώπους να αισθάνονται και να ζουν το άπειρο, και θα χρειαστεί η βοήθεια πνευματικών Οδηγών.

Αν προσπαθήσουμε να καταλάβουμε το άπειρο με τη λογική μας μπορεί να οδηγηθούμε σε ολοκληρωτική απόγνωση. Αν όμως, το ζούμε μέσω διαλογισμού, αν νιώθουμε ένα με τα πάντα, τότε αισθανόμαστε μια ιδιαίτερη ολοκλήρωση.

Αυτός είναι ο λόγος που οι μακροβιολόγοι θα ενθαρρύνουν τον πολλαπλασιασμό των γκουρού (που σημαίνει «αφυπνιστής» στα σανσκριτικά) και πνευματικών οδηγών της νέας εποχής, που ήδη έχει αρχίσει.

Η επιστήμη και η συνείδηση επιτέλους θα ενωθούν ξανά και σε φυσικό επίπεδο και στην αιωνιότητα, αφού ο θάνατος θα είναι πια παρελθόν. Θα γίνουμε τελικά «θεοί», όπως προβλέπει η Βίβλος.

Οι σκέψεις του κάθε ανθρώπου επηρεάζουν το όλον σε αυτό το μωρό-ανθρωπότητα, και αυτός είναι ο λόγος που θα πρέπει να διαλογιζόμαστε κάθε μέρα και να σκεφτόμαστε το όλον.

Αυτός είναι επίσης ο λόγος που, όπως μερικά κύτταρα

στο αναπτυσσόμενο έμβρυο ειδικεύονται να γίνουν τα κύτταρα του εγκεφάλου υπεύθυνα για την συνείδηση, κάποιοι άνθρωποι θα γίνουν τα κύτταρα που θα φέρουν συνείδηση σ' αυτήν την τεράστια οντότητα του οποίου είμαστε μέρος.

Αυτοί είναι εκείνοι, που καλούνται να γίνουν Οδηγοί για τους άλλους. Είναι ο παλμός τους και το χάρισμά τους, ο βαθύς και σχεδόν γενετικός αλτρουισμός τους που τους κάνει μοντέλα στα οποία οι άλλοι έλκονται φυσικά.

Αυτοί είναι οι άνθρωποι που βάζουν το καλό του όλου, πάνω από το προσωπικό τους συμφέρον. Μπορείς να νιώσεις, από την πρώτη επαφή, ότι η δική σου ευτυχία είναι σημαντική γι' αυτούς. Μπορείς να νιώσεις πως σε εκτιμούν και σε κατανοούν όταν τους πλησιάζεις.

Είναι τέτοιους ανθρώπους που καλλιεργώ στο Ραελιανό Κίνημα τα τελευταία 27 χρόνια . Αριθμούν τώρα παραπάνω από 125 σ' ολόκληρο τον κόσμο. Αυτοί οι «ιερείς της νέας εποχής» έχουν πολλές λειτουργίες. Προς το παρόν, η αποστολή τους είναι να κηρύξουν την επιστημονική κατανόηση σαν ένα αντίδοτο απέναντι στις ξεπερασμένες, γεμάτες προκαταλήψεις θρησκείες που χρησιμοποιούν το φόβο και τον παραλογισμό για να εμποδίσουν την ανάπτυξη της ανθρωπότητας. Μακροπρόθεσμα, η λειτουργία τους, είναι να οδηγούν και να βοηθούν τους ανθρώπους να ζουν την πραγματική θρησκεία με την αυθεντική ετυμολογική της έννοια, δηλαδή να τους βοηθούν να νιώθουν τον σύνδεσμο που ενώνει όλους τους ανθρώπους, και να αναγνωρίσουν το γεγονός ότι είμαστε όλοι αλληλέγγυα συστατικά αυτού του τεράστιου μωρού-ανθρωπότητας που είναι έτοιμο να γεννηθεί, χάρη στην αιώνια ζωή από τη κλωνοποίηση.

Αν αυτή η πρόκληση σε ελκύει, μπορείς να επικοινωνήσεις μαζί μου και να συναντήσεις αυτούς τους ανθρώπους. Και, αν νιώθεις μέσα σου αυτή την ανυπέρβλητη αίσθηση υψηλού προορισμού και αποστολής, μπορείς να γίνεις μέλος της ομάδας.

ΣΥΜΠΕΡΑΣΜΑ

Τι υπέροχες στιγμές ζούμε τώρα! Δεν είμαστε προνομιούχοι; Ο σημερινός μας πολιτισμός στέκεται μπροστά στην αυγή της Χρυσής Εποχής, της οποίας η επιστήμη υπόσχεται αιώνια ζωή και ελευθερία από την ανάγκη της δουλειάς. Τώρα μπορούμε να απολαμβάνουμε ποικίλες ηδονές και πλεονεκτήματα, χάρη στην εκπληκτική ποσότητα εφευρέσεων και ανακαλύψεων.

Ας σταματήσουμε για μια στιγμή και ας θυμηθούμε όλους τους εφευρέτες που υπέφεραν τους σαρκασμούς και τις προκαταλήψεις των ανθρώπων της εποχής τους που ήταν πολύ βλάκες για να τους κατανοήσουν όταν τους εξηγούσαν τις εφευρέσεις τους.

Μπορώ να ακούσω το τραχύ γέλιο όλων των κοντόφθαλμων ηλίθιων, ευτυχισμένων στην άγνοιά τους, το γέλιο τους ακόμη να αντιλαλεί μόλις ο εφευρέτης του τροχού τους είχε δείξει την ιδέα του. Τους βλέπω να κυλιούνται στο πάτωμα, δείχνοντάς τον προς γελοιοποίηση λέγοντας: «Δεν θα δουλέψει ποτέ!».

Γέλασαν, όπως γέλασαν με τον πρώτο που συνέστησε τους σωλήνες νερού ή το καβάλημα ενός αλόγου. Γέλασαν με τον πρώτο που εφεύρε το γράψιμο, το χαρτί, την ατμομηχανή, τον ηλεκτρισμό και το πλυντήριο. Γέλασαν με αυτόν που πρότεινε να πάμε στο φεγγάρι.

Ό, τι χρησιμοποιούμε σήμερα - τα πάντα, χωρίς εξαιρέσεις - χλευάστηκε και γελοιοποιήθηκε όταν

144

πρωτοεφευρέθηκε. Ανεξάρτητα αν ήταν τα κουμπιά του πουκαμίσου μας, ένα ζευγάρι γυαλιά ή ένα στυλό με μπίλια, μόλις πρωτο-εφευρέθηκε, οι κοντόφθαλμοι βλάκες ξεκαρδίζονταν στα γέλια κοροϊδεύοντας τον εφευρέτη.

Παρόλα αυτά, η εποχή μας είναι η εκδίκηση των ιδιοφυϊών έναντι αυτών των ιλαρών ηλιθίων. Επιτέλους, η καινοτομία έχει γίνει ένα πολύτιμο αγαθό. Στις μέρες μας την ψάχνουμε, την ενθαρρύνουμε και έχουμε δημιουργήσει ακόμη και ιδρύματα που την αναπτύσσουν.

Η απύθμενη συλλογική βλακεία του «έτσι το κάναμε πάντα μέχρι τώρα, άρα έτσι πρέπει να γίνει», επιτέλους αντικαταστάθηκε με την νέα υπέροχη φιλοσοφία του «οι ανόητοι πρωτόγονοι πρόγονοί μας πάντα έτσι το έκαναν, άρα πρέπει να υπάρχει ένας ακόμη καλύτερος τρόπος».

Αλλά, και τώρα πρέπει να επαγρυπνούμε γιατί ακόμη και πολύ πρόσφατα, μεγάλες εφευρέσεις αγνοήθηκαν από ανθρώπους που τα πρότυπά τους έκαναν να χάσουν πολλά χρήματα και τους γέμισαν ντροπή.

Ένα παράδειγμα μεταξύ πολλών είναι η εφεύρεση του ρολογιού κουόρτζ το οποίο αρχικά απορρίφθηκε από την Ελβετική βιομηχανία ρολογιών σαν μια ηλίθια ιδέα, την πήραν οι Γιαπωνέζοι, οι οποίοι προχώρησαν στη χρήσης της για να πάρουν αυτό που μέχρι τότε ήταν μια Ελβετική παράδοση και μαζί και το 80% της παγκόσμιας αγοράς. Και η ειρωνεία είναι ότι ο εφευρέτης ήταν...Ελβετός! Χιλιάδες εταιρίες κήρυξαν πτώχευση και αμέτρητοι άνθρωποι έμειναν άνεργοι γιατί γέλασαν σε βάρος ενός εφευρέτη αντί να τον ακούσουν. Πήραν ότι τους άξιζε!

Το ίδιο ισχύει στην εφεύρεση της φωτοτυπικής μηχανής, του Η/Υ, του τηλεφώνου, του αυτοκινήτου, της ηλεκτρικής λυχνίας.

Αν είσαι ένα νέο άτομο εσύ που διαβάζεις αυτές τις γραμμές, απόκτησε τη συνήθεια να λες πάντα, και σε κάθε περίσταση: «Πάντα γινόταν με αυτό τον τρόπο, που σημαίνει ότι πρέπει να υπάρχει ένας πολύ καλύτερος τρόπος να το κάνω απ' αυτούς τους πρωτόγονους ανόητους που ζούσαν πριν εμένα».

Οι περισσότερες πιθανότητες είναι να επιτύχεις. Αλλά αν όχι, μπορείς πάντα να λες: «Τελικά, δεν ήταν και τόσο βλάκες»- αυτό μέχρι κάποιος άλλος καταφέρει να το κάνει καλύτερα. Επειδή υπάρχει πάντα ένας τρόπος να καλυτερεύουμε κάτι τώρα και πάντα. Η νέα εποχή που μόλις έχει αρχίσει, χρειάζεται νέα μυαλά που αμφισβητούν τα πάντα όσον αφορά την πολιτιστική μας κληρονομιά, που μας πάσαραν οι πρόγονοί μας, ενώ την ίδια στιγμή, πρέπει να έχουμε επίγνωση ότι ο χειρότερός μας εχθρός είναι ο τρόπος με τον οποίο μας επέβαλαν να σκεφτόμαστε οι γονείς και οι εκπαιδευτές μας.

Το να είσαι εφευρέτης σημαίνει να είσαι επαναστάτης. Εάν δεν είμαστε επαναστάτες, δεν μπορούμε να αλλάξουμε ή να βελτιώνουμε οτιδήποτε.

Μια δεύτερη αρετή που χρειάζονται οι άνθρωποι είναι η τεμπελιά. Όλες οι μεγάλες εφευρέσεις ήταν αποτέλεσμα εξαιρετικά τεμπέληδων ανθρώπων που προσπαθούσαν να επιτύχουν τα ίδια αποτελέσματα με όλους τους άλλους χωρίς να κάνουν πολύ κόπο.

Είναι πολύ λιγότερο κουραστικό το να πάρεις νερό από τη βρύση παρά από το να το φέρεις από το τοπικό πηγάδι. Και εάν είναι ήδη ζεστό από τον βραστήρα, χρειάζεται πολύ λιγότερη ενέργεια παρά εάν θα 'πρεπε να μαζέψουμε ξύλα και να ανάψουμε φωτιά για να το ζεστάνουμε μόνοι μας. Ένα πλυντήριο μας σώζει από το να πρέπει να πάμε μέχρι το ποτάμι. Η εφεύρεση του κινητήρα του αυτοκινήτου μας απαλλάσσει από το να πρέπει να φροντίζουμε και να ταΐζουμε ένα άλογο, κάθε φορά που θέλουμε να πάμε για ψώνια, ενώ ένας υπολογιστής τσέπης, μας γλιτώνει από το να έχουμε να κάνουμε όλους εκείνους τους περίπλοκους υπολογισμούς από το μυαλό μας.

Δυστυχώς, η Ιουδαιο-Χριστιανική παράδοση δίδαξε ότι είναι ανήθικο να μην «κερδίζεις το ψωμί σου με τον ιδρώτα του προσώπου σου», και επίσης, ότι αυτή η διαδικασία θα πρέπει να συνοδεύεται και από μια καλή δόση βασάνων, αν είναι δυνατό.

Ευτυχώς, κανένας δεν θέλει πλέον αυτές τις μέρες, εκτός από μερικούς ετοιμοθάνατους συντηρητικούς.

Έτσι, για να επιταχύνουμε την γέννηση αυτού του πρώτου αληθινού πολιτισμού, στον οποίο θα μπορούμε να απολαμβάνουμε μια ζωή συνεχούς ευχαρίστησης, όπου κανένας δεν θα πρέπει να δουλεύει, ή να εξαντλεί τον εαυτό του κάνοντας κάτι που δεν επιθυμεί, η νέα γενιά πρέπει να εκπαιδεύσει τον εαυτό της να καλλιεργεί αυτές τις δύο θεμελιώδεις αξίες. Η αρετή της τεμπελιάς και η ικανότητα του να αμφισβητούμε τις τεχνικές και τις συνήθειες του παρελθόντος, είναι αυτά που χρειαζόμαστε, για να ωθήσουμε αυτήν την επικείμενη γέννηση. Η τεμπελιά για το άτομο είναι ότι η εξοικονόμηση ενέργειας για μια κοινωνία.

Η κοινωνία μας τώρα μαθαίνει να εξοικονομεί τις πηγές της και να ελαχιστοποιεί τις δαπάνες ενέργειας, ειδικά στον τομέα της βιομηχανίας. Με τον ίδιο τρόπο, το σώμα μας επίσης προσπαθεί να χρησιμοποιεί την ελάχιστη ενέργεια για να επιτύχει το μέγιστο. Θα τολμούσα να πω ότι όλη η βιολογική ισορροπία βασίζεται στην τεμπελιά.

Οι επιστήμονες συχνά εκπλήσσονται από την υπερ-αποδοτική διαχείριση ενέργειας στα ζώα. Σε σχέση με το βάρος της, καμιά πτητική μηχανή κατασκευασμένη από άνθρωπο δεν μπορεί να πλησιάσει την επάρκεια σε ενέργεια ενός πουλιού.

Αλλά, μια προειδοποίηση! Μην συγχύζετε την τεμπελιά με την απραξία! Η απραξία είναι εντελώς αντιπαραγωγική και ατροφεί τον εγκέφαλο, ενώ η τεμπελιά δίνει κίνητρα για δημιουργικότητα και παραγωγή.

Η τεμπελιά προσπαθεί να επιτύχει τα ίδια

αποτελέσματα χρησιμοποιώντας λιγότερη προσπάθεια. Παρόλα αυτά, η τελειότητα ποτέ δεν μπορεί να επιτευχθεί, και αυτό είναι που πάντα κινητοποιούσε τους εφευρέτες.

Με την νανο-τεχνολογία, οι άνθρωποι δεν θα είναι αναγκασμένοι πλέον να κοπιάζουν, και αυτός είναι ο λόγος που η κοινωνία μας θα γίνει κοινωνία απόλαυσης.

Φυσικά, μπορείς να καταβάλλεις προσπάθεια εάν το επιθυμείς, αλλά θα είναι μόνο για την ευχαρίστηση του να το κάνεις και όχι από ανάγκη.

Δεν θα υπάρχει τίποτα να σε σταματήσει από το να πηγαίνεις να επισκεφθείς τους φίλους σου με τα πόδια εάν θες να περπατήσεις για μια ώρα ή παραπάνω, αντί να πάρεις το αυτοκίνητό. Αυτό, αυτό θα είναι επειδή το επέλεξες να το κάνεις, και όχι επειδή δεν υπήρχε άλλος τρόπος.

Επίσης θα μπορείς να σπαταλάς άφθονη ενέργεια στην δημιουργία έργων τέχνης ή κάνοντας επιστημονική έρευνα, αλλά και πάλι από επιλογή σου, και μόνο για την ευχαρίστηση.

Το να χορεύεις, το να παίζεις ηλεκτρονικά παιχνίδια, και το να κάνεις έρωτα συχνά αξιόλογη προσπάθεια, αλλά τι διασκεδαστικό που είναι!

Αυτό είναι που μας επιφυλάσσει ο κόσμος, και αυτό μπορείς να βοηθήσεις να επιταχυνθεί με το να είσαι πάντα επαναστάτης, σε κάθε ευκαιρία!

Αν πραγματικά απολαμβάνεις τη ζωή σου με κάθε άτομο του είναι σου και θέλεις να συνεχίσει για πάντα, τότε δεν πρέπει να δέχεσαι ότι πρέπει να σταματήσει, και πρέπει να διεκδικήσεις το δικαίωμά σου στην αιώνια ζωή, αμφισβητώντας τους παλιούς νομοθέτες, που είναι κολλημένοι στα παλιά τους Ιουδαιο-Χριστιανικά πρότυπα. Μπες στην πολιτική και δημιούργησε νέους νόμους που θα σου επιτρέπουν το πιο βασικό ανθρώπινο δικαίωμα το τόσο ιερό για τη ζωή: το δικαίωμα του να μην πεθάνεις ποτέ.

Αυτοί που μιλούν για τα δικαιώματα των μελλοντικών γενιών ήδη έχουν αποδεχτεί να πεθάνουν. Στην ουσία είναι ήδη είναι νεκροί μέσα στα μυαλά τους. Εσύ, όμως, εσύ είσαι ζωντανός και επιθυμείς να παραμείνεις έτσι. Με ποιο δικαίωμα το δικαίωμα στη ζωή αυτών που ζουν είναι λιγότερο από αυτών που ακόμη δεν έχουν γεννηθεί; Σε ποιανού το όνομα πρέπει να αποδεχτούμε να πεθάνουμε όταν μπορούμε να το αποφύγουμε; Όπως λένε, η ανθρώπινη ζωή είναι ιερή. Άρα, αν έχουμε την τεχνολογία να την κάνουμε αιώνια αλλά δεν τη χρησιμοποιούμε, αρνούμαστε την ιερότητα της ζωής.

Όπως είπαμε προηγουμένως, αν επιθυμούν να πεθάνουν, τότε αφήστε τους να πεθάνουν! Θ' αφήσουν περισσότερο χώρο για τους υπόλοιπους.

Όμως, το πρόβλημα είναι ότι επιθυμούν επίσης να επιβάλουν το θάνατο σε όλους τους άλλους – ακόμη και σ' αυτούς που θέλουν να ζήσουν για πάντα.

Ο λόγος είναι ότι είναι πολύ πιο δύσκολο να πεθάνεις γνωρίζοντας ότι οι όλοι οι υπόλοιποι επέλεξαν να μην πεθάνουν.

Είναι καθαρή ζήλια.

Αλλά, το ζήσε κι άσε τους άλλους να πεθάνουν... γι' αυτούς που το επιθυμούν, αυτή είναι πραγματική σοφία. Όμως, αυτοί που επιθυμούν να πεθάνουν χρειάζεται επίσης να αφήσουν τους άλλους να ζήσουν, ακόμη κι αν είναι πολύ πιο δύσκολο γι' αυτούς. Είναι η επιλογή τους, η ελευθερία τους να πεθάνουν, όπως είναι και δική μας επιλογή, και η ελευθερία μας να ζήσουμε για πάντα.

Χρειάζεται να μάθουμε να απολαμβάνουμε κάθε στιγμή της ζωής μας, εκτιμώντας την με κάθε πόρο του δέρματός μας, έχοντας ταυτόχρονα την επίγνωση της κάθε μικρής αλλαγής στους εαυτούς μας, στους άλλους, και στο περιβάλλον μας, τα οποία όλα είναι σε μια αδιάκοπη κατάσταση μεταμόρφωσης.

Με αυτόν τον τρόπο το να ζεις για πάντα γίνεται

συναρπαστικό.

Θεωρήστε τις ζωές σας σήμερα σαν προπόνηση για την αιώνια ζωή. Αυτή είναι η πνευματική διάσταση η οποία είναι τόσο απαραίτητη για μια ευτυχισμένη αιωνιότητα.

Όπως ο Δαλάι Λάμα είπε: «Μπορείς να θεωρήσεις το ενδεχόμενο του να ζεις αιώνια μέσα σ' ένα Η/Υ, σαν θετικό κάρμα...».

Και να θυμάσαι, αν πραγματικά το θέλεις, δεν χρειάζεται να πεθάνεις. Και η αποστολή μου, όπως κάθε αληθινού πνευματικού οδηγού, είναι να σου δώσω αυτήν την επιθυμία να ζήσεις για πάντα διδάσκοντάς σου την ευτυχία.

Διακήρυξη για την Υπεράσπιση της Κλωνοποίησης και της Ακεραιότητας της Επιστημονικής Έρευνας

Η ακόλουθη διακήρυξη υπογράφηκε από ένα γκρουπ Τιμημένων Ανθρωπιστών της Διεθνούς Ακαδημίας Ανθρωπισμού συμπεριλαμβανομένου του Φράνσις Κρικ, του ανθρώπου που συν -ανακάλυψε το DNA. Η διακήρυξη εκδόθηκε από το περιοδικό Free Inquiry (Ελεύθερη Έρευνα), τόμος 17, αριθμός 3 και δημοσιεύθηκε στην ιστοσελίδα του Council for Secular Humanism (Συμβούλιο για τον Κοσμικό Ουμανισμό), την άνοιξη του 2001 στο www.SecularHumanism.org.

Εμείς, οι υποφαινόμενοι, καλωσορίζουμε τις αναγγελίες σημαντικών εξελίξεων στην κλωνοποίηση ανώτερων ζώων. Κατά τη διάρκεια αυτού του αιώνα, οι φυσικές, βιολογικές, και μπιχεβιοριστικές επιστήμες, τοποθέτησαν νέες σημαντικές ικανότητες στην ανθρώπινη πρόσβαση. Στο σύνολό τους, αυτές οι εξελίξεις, έχουν επιφέρει τεράστιες βελτιώσεις την ανθρώπινη ευημερία. Όπου οι καινούριες τεχνολογίες δημιούργησαν δόκιμα ηθικά ερωτήματα, η ανθρώπινη κοινότητα επέδειξε σε γενικές γραμμές την θέλησή της να αντιμετωπίσει αυτές τις ερωτήσεις ανοικτά και να αναζητήσει απαντήσεις για το γενικό καλό της γενικότερης ευημερίας.

Η κλωνοποίηση ανώτερων ζώων εγείρει ηθικά ζητήματα ανησυχίες. Πρέπει να αναπτυχθούν κατάλληλες κατευθυντήριες γραμμές που θα αποτρέψουν καταχρήσεις, ενώ συγχρόνως να κάνουν τα πλεονεκτήματα της κλωνοποίησης διαθέσιμα στο μέγιστο. Τέτοιες κατευθυντήριες γραμμές θα πρέπει να σέβονται στον υψηλότερο δυνατό βαθμό την αυτονομία και την επιλογή κάθε ξεχωριστού ανθρώπινου όντος. Κάθε προσπάθεια πρέπει να καταβληθεί ώστε να μην εμποδίζεται η ελευθερία και ακεραιότητα της επιστημονικής έρευνας.

Κανένας δεν έχει αποδείξει προς το παρόν την ικανότητα να κλωνοποιεί ανθρώπους. Αλλά η πιθανότητα και μόνο τα σύγχρονα επιτεύγματα να ανοίξουν ένα δρόμο προς την κλωνοποίηση, πυροδότησαν καταιγισμούς διαμαρτυριών. Βλέπουμε με ανησυχία τις εκτεταμένες εκκλήσεις για να καθυστέρηση, απόσυρση των κρατικών χορηγήσεων ή σταμάτημα των ερευνών για την κλωνοποίηση που προέρχονται από πηγές τόσο ανόμοιες όπως ο Πρόεδρος Μπιλ Κλίντον στις Ηνωμένες Πολιτείες, ο Πρόεδρος Ζακ Σιράκ της Γαλλίας, ο πρώην Πρωθυπουργός Τζον Μέιτζορ της Μεγάλης Βρετανίας, και το Βατικανό στη Ρώμη.

Πιστεύουμε ότι η λογική είναι το πιο δυνατό εργαλείο της ανθρωπότητας για τη λύση των προβλημάτων που αντιμετωπίζει. Αλλά το λογικό επιχείρημα έγινε ένα σπάνιο αγαθό στην πρόσφατη πλημμύρα των επιθέσεων εναντίον του κλωνοποίησης. Οι επικριτές τέρπονται να χρησιμοποιούν παραλληλισμούς με μύθους όπως του Ίκαρου και του Φράνκεσταϊν της Μαίρη Σέλεϊ, προβλέποντας τρομακτικές συνέπειες αν οι ερευνητές τολμήσουν να προχωρήσουν με ερωτήσεις που «ο άνθρωπος δεν θα 'πρεπε να ξέρει». Πίσω από τις πιο υβριστικές κριτικές φαίνεται να κρύβεται η εικασία ότι η ανθρώπινη κλωνοποίηση θα εγείρει ηθικά θέματα πολύ πιο βαθιά από αυτά που δημιουργήθηκαν σε σχέση με προηγούμενα επιστημονικά ή τεχνολογικά επιτεύγματα.

Τι ηθικά θέματα θα μπορούσε να δημιουργήσει η ανθρώπινη κλωνοποίηση; Μερικές θρησκείες διδάσκουν ότι τα ανθρώπινα όντα διαφέρουν ριζικά από άλλα θηλαστικά – και ότι οι άνθρωποι διαποτίστηκαν με

αθάνατες ψυχές από μια θεότητα, δίνοντάς τους μια
αξία που δεν μπορεί να συγκριθεί με εκείνη των άλλων
ζωντανών πραγμάτων. Η ανθρώπινη φύση θεωρείται ότι
είναι μοναδική και ιερή. Οι επιστημονικές πρόοδοι που
εκλαμβάνονται ως απειλή αλλοίωσης αυτής της «φύσης»,
απορρίπτονται με θυμό.

Καθώς τέτοιες ιδέες είναι βαθιά ριζωμένες στο δόγμα,
αναρωτιόμαστε εάν θα πρέπει να χρησιμοποιούνται για
να αποφασιστεί αν θα επιτραπεί στα ανθρώπινα όντα
να επωφεληθούν από τη νέα βιοτεχνολογία. Στο μέτρο
που η επιστημονική έρευνα έχει προσδιορίσει, ο Χόμο
σάπιενς είναι μέλος του ζωικού βασιλείου. Οι ανθρώπινες
δυνατότητες φαίνονται να διαφέρουν σε βαθμό, όχι σε
είδος, από εκείνες που απαντώνται στα ανώτερα ζώα.
Το πλούσιο ρεπερτόριο των σκέψεων, των αισθημάτων,
των φιλοδοξιών, και ελπίδων του ανθρώπινου
είδους, φαίνεται ότι προέρχεται από ηλεκτροχημικές
εγκεφαλικές διεργασίες, όχι από μια άυλη ψυχή που
λειτουργεί με τρόπους που κανένα εργαλείο δεν μπορεί
να ανακαλύψει.

Η ερώτηση που δημιουργείται άμεσα από την
τρέχουσα αντιπαράθεση για την κλωνοποίηση είναι,
ως εκ τούτου, έχουν οι υπέρμαχοι των υπερφυσικών ή
πνευματικών πιστεύω πραγματικά ουσιώδη προσόντα
για να συμβάλουν στις συζητήσεις αυτές; Σίγουρα όλοι
έχουν το δικαίωμα να ακουστούν. Αλλά εμείς πιστεύουμε
ότι υπάρχει ένας πολύ πραγματικός κίνδυνος μια έρευνα
με τεράστια πιθανά πλεονεκτήματα να κατασταλεί απλά
και μόνο επειδή συγκρούεται με τα θρησκευτικά πιστεύω
κάποιων ανθρώπων. Είναι σημαντικό να αναγνωρίσουμε
ότι παρόμοιες θρησκευτικές ενστάσεις είχαν εγερθεί
και εναντίον των αυτοψιών, της αναισθησίας, της
τεχνητής γονιμοποίησης, και ολόκληρης της γενετικής
επανάστασης των ημερών μας- παρόλα αυτά προέκυψαν
τεράστια οφέλη από κάθε μια από αυτές τις επιστημονικές

εξελίξεις. Μια αντίληψη της ανθρώπινης φύσης ριζωμένη μέσα στο μυθικό παρελθόν της ανθρωπότητας δεν θα έπρεπε να είναι το πρωταρχικό κριτήριο για να παίρνουμε ηθικές αποφάσεις σχετικές με την κλωνοποίηση.

Δεν βλέπουμε κανένα εγγενές ηθικό δίλημμα όσον αφορά την κλωνοποίηση μη ανθρώπινων ανώτερων ζώων. Ούτε είναι ξεκάθαρο για μας ότι οι μελλοντικές εξελίξεις στην κλωνοποίηση ανθρώπινων ιστών ή ακόμη και ανθρώπινων όντων, θα δημιουργήσουν ηθική δυσαρέσκεια τέτοια που δεν μπορεί να λυθεί μέσω της ανθρώπινης λογικής. Οι ηθικές ενστάσεις που εγείρει η κλωνοποίηση δεν είναι ούτε μεγαλύτερες ούτε ισχυρότερες από τις ερωτήσεις που τα ανθρώπινα όντα ήδη έχουν αντιμετωπίσει σε σχέση με τέτοιες τεχνολογίες όπως η πυρηνική ενέργεια, το ανασυνδιασμένο DNA, και η ηλεκτρονική κρυπτογράφηση. Απλά είναι καινούριες.

Ιστορικά, η Λουδιστική επιλογή, η οποία ζητά να γυρίσουμε πίσω στο χρόνο και να περιορίσουμε ή να απαγορεύσουμε την εφαρμογή τεχνολογιών που ήδη υπάρχουν, ποτέ δεν αποδείχθηκε ρεαλιστική ή παραγωγική. Τα πιθανά ευεργετήματα της κλωνοποίησης μπορεί να είναι τόσο τεράστια που θα αποτελούσε τραγωδία αν αρχαίες θεολογικές αναστολές οδηγήσουν σε μια Λουδιστική απόρριψη της κλωνοποίησης. Κάνουμε κάλεσμα για συνεχή, υπεύθυνη ανάπτυξη των τεχνολογιών κλωνοποίησης, και για για μια δέσμευση ευρείας βάσης που θα διασφαλίζει ότι οι συντηρητικές και σκοταδιστικές θέσεις δεν θα εμποδίζουν αδιάκριτα ωφέλιμες επιστημονικές εξελίξεις.

Οι υπογράφοντες τη Δήλωση είναι Ανθρωπιστές τιμημένοι από την Διεθνή Ακαδημία Ανθρωπισμού:
• Pieter Admiraal, Medical Doctor, The Netherlands
• Ruben Ardila, psychologist, National University of Colombia, Colombia

- Sir Isaiah Berlin, Professor Emeritus of Philosophy, Oxford University, U.K.
- Sir Hermann Bondi, Fellow of the Royal Society, Past Master, Churchill College, Cambridge University, U.K.
- Vern Bullough, Visiting Professor of Nursing, CaliforniaState University at Northridge, U.S.A.
- Mario Bunge, Professor of Philosophy of Science, McGill University, Canada
- Bernard Crick, Professor Emeritus of Politics, Birkbeck College, University of London, U.K.
- Francis Crick, Nobel Laureate in Physiology, Salk Institute, U.S.A.
- Richard Dawkins, Charles Simionyi Professor of Public Understanding of Science, Oxford University, U.K.
- José Delgado, Director, Centro de Estudios Neurobiologicos, Spain
- Paul Edwards, Professor of Philosophy, New School for Social Research, U.S.A.
- Antony Flew, Professor Emeritus of Philosophy, Reading University, U.K.
- Johan Galtung, Professor of Sociology, University of Oslo, Norway
- Adolf Grünbaum, Professor of Philosophy, University of Pittsburgh, U.S.A.
- Herbert Hauptman, Nobel Laureate, Professor of Biophysical Science, State University of New York at Buffalo, U.S.A.
- Alberto Hidalgo Tuñón President, Sociedad Asturiana de Filosofía Spain
- Sergei Kapitza, Chair, Moscow Institute of Physics and Technology, Russia
- Paul Kurtz, Professor Emeritus of Philosophy, State University of New York at Buffalo, U.S.A.

- Gerald A. Larue, Professor Emeritus of Archeology and Biblical Studies, University of Southern California at Los Angeles, U.S.A.
- Thelma Z. Lavine, Professor of Philosophy, George Mason University, U.S.A.
- José Leite Lopes, Director, Centro Brasiliero de Pesquisas Fisicas, Brazil
- Taslima Nasrin, Author, Physician, Social Critic, Bangladesh
- Indumati Parikh, Reformer and Activist, India
- Jean-Claude Pecker, Professor Emeritus of Astrophysics, Collège de France, Academy of Sciences, France
- W. V. Quine, Professor Emeritus of Philosophy, Harvard University, U.S.A.
- J. J. C. Smart, Professor of Philosophy, University of Adelaide, Australia
- V. M. Tarkunde, Reformer and Activist, India
- Richard Taylor, Professor Emeritus of Philosophy, University of Rochester, U.S.A.
- Simone Veil, Former President, European Parliament, France
- Kurt Vonnegut, Novelist, U.S.A.
- Edward O. Wilson, Professor Emeritus of Sociobiology, Harvard University, U.S.A.

www.secularhumanism.org/library/fi/cloning_declaration_17_3.html

Η δήλωση του ΡΑΕΛ στο Κογκρέσο των ΗΠΑ στις 28 Μαρτίου 2001

ΠΡΟΣ: Τον Αξιότιμο James c. Greenwood Πρόεδρο της Υποεπιτροπής Αβλεψιών και Διερευνήσεων

Επιθυμώ να αφιερώσω την μαρτυρία μου στον Τζιορντάνο Μπρούνο, ο οποίος κάηκε ζωντανός πριν 4 αιώνες, καταδικασμένος σε θάνατο από την Καθολική Εκκλησία γιατί έλεγε ότι υπάρχει ζωή σε άλλους πλανήτες.

Έχω μαζί μου ένα μανιφέστο που υπογράφτηκε από 31 κορυφαίους επιστήμονες και φιλόσοφους απ' όλο τον κόσμο, συμπεριλαμβανομένου του Φράνσις Κρικ που συν-ανακάλυψε τη δομή του DNA, και πολυάριθμων τιμημένων με Νόμπελ που υποστηρίζουν την ελευθερία για την ανθρώπινη κλωνοποίηση σαν μέρος της ελευθερίας της επιστήμης.

Γιατί ζήτησα από την Δρ. Brigitte Boisselier να δημιουργήσει την πρώτη εταιρεία ανθρώπινης κλωνοποίησης στην Αμερική;

Επειδή σαν Η Χώρα της Ελευθερίας, έχετε ένα Σύνταγμα που θα έπρεπε να είναι μοντέλο για ολόκληρο τον κόσμο, και-το πιο υπέροχο κόσμημα του συστήματός σας: το Ανώτατο Δικαστήριο, που εγγυάται τον σεβασμό του Συντάγματός σας και την ελευθερία των πολιτών σας ακόμη και εναντίον της κυβέρνησής σας και των νομοθετών σας.

Είμαι πολύ σίγουρος ότι ακόμη και αν η ανθρώπινη

κλωνοποίηση απαγορευόταν, το Ανώτατο Δικαστήριο θα ακύρωνε αυτόν το νόμο σαν αντισυνταγματικό, όπως έγινε και για την IVF (εξωσωματική γονιμοποίηση). 200.000 παιδιά είναι ζωντανά σήμερα χάρη στην IVF. Αν οι νόμοι εναντίον της IVF είχαν διατηρηθεί, αυτά τα 200.000 παιδιά δεν θα υπήρχαν, καθώς οι ζωές τους θα τους είχαν αποστερηθεί υπό την πίεση των θρησκευτικών δυνάμεων. Πριν να καταστεί νόμιμη η IVF, οι αντίπαλοί της προέβλεπαν ότι αυτή η διαδικασία θα έφερνε στον κόσμο τέρατα και παραμορφώσεις.

Αν, 100 χρόνια πριν, οι θρησκευτικές δυνάμεις είχαν περάσει νόμους εναντίον της ελευθερίας της επιστήμης, εμείς, σήμερα, δεν θα είχαμε αντιβιοτικά, εγχειρήσεις, μεταγγίσεις αίματος, μεταμοσχεύσεις οργάνων, εμβόλια, αυτοκίνητα, ηλεκτρισμό, κομπιούτερ, αεροπλάνα κτλ.

Το να εμποδίζουμε την εξέλιξη της επιστήμης είναι έγκλημα εναντίον της ανθρωπότητας.

Αν οι ανακαλύψεις είχαν απαγορευτεί πριν 100 χρόνια, 3 δισεκατομμύρια άνθρωποι δεν θα απολάμβαναν ποτέ τη ζωή, καθώς θα πέθαιναν στα αρχικά στάδια της ύπαρξής τους, και μέσα σ' αυτούς μπορεί να ήταν και οι γονείς σου, και εσύ ο ίδιος. Μπορούμε να πούμε ότι τουλάχιστον το 90% από εμάς, είμαστε ζωντανοί σήμερα, χάριν της επιστήμης.

Τρία δισεκατομμύρια άνθρωποι, είναι μεγαλύτερος αριθμός ανθρώπων από σους σκότωσε ποτέ οποιοδήποτε άλλος εγκληματίας εναντίον της ανθρωπότητας, συμπεριλαμβανομένου του Χίτλερ και του Ναπολέοντα.

Σήμερα, έχετε στα χέρια σας την ζωή δισεκατομμυρίων ανθρώπων, που είναι ζωντανοί σήμερα, και των μελλοντικών γενεών.

Έχετε την επιλογή να σας θυμούνται σαν ήρωες που έσωσαν δισεκατομμύρια ζωές ή σαν εγκληματίες εναντίον της ανθρωπότητας για το ότι αρνηθήκατε σ' αυτούς μια πιθανή θεραπεία ή μια νέα ζωή ή αιώνια ζωή με το να καθυστερείτε την επιστημονική πρόοδο.

Μοναχά καθυστερείτε, επειδή έτσι κι αλλιώς θα γίνει, κάπου, κάποια μέρα, αφού, ευτυχώς, τίποτα δεν μπορεί να σταματήσει την επιστήμη. Αλλά οι νόμοι μπορούν να καθυστερήσουν την έρευνα και είναι οι άνθρωποι που θα υποφέρουν απ αυτό.

Και θα είστε υπεύθυνοι για την καθυστέρηση και τους θανάτους και τον πόνο που θα προκαλέσει.

Αυτός ο πόνος και οι θάνατοι μπορεί να είναι και οι δικοί σας, αφού οι νομοθέτες δεν είναι απρόσβλητοι από ξαφνικές ασθένειες ή μπορεί να είναι εκείνοι των παιδιών σας και των εγγονιών σας.

Οι θρησκευόμενοι άνθρωποι που είναι εναντίον της ανθρώπινης κλωνοποίησης θα πρέπει να είναι ελεύθεροι να την αρνηθούν για τους εαυτούς τους ή για τα δικά τους παιδιά, όπως είναι ελεύθεροι να αρνιούνται την έκτρωση, τις μεταγγίσεις αίματος ή τις εγχειρήσεις.

Η ανθρώπινη κλωνοποίηση θα κάνει δυνατή για μας την αιώνια ζωή.

Είναι δικαίωμα των ανθρώπων που θέλουν να απολαμβάνουν τους καρπούς της επιστημονικής προόδου, συμπεριλαμβανομένης και της ανθρώπινης κλωνοποίησης και της αιώνιας ζωής, να επωφελούνται απ 'αυτήν.

Αν οι θρησκείες και οι προκαταλήψεις, που είναι το ίδιο, ήταν πιο δυνατές από την επιστήμη, θα ζούσαμε ακόμη στις σκοτεινές εποχές.

Το σπουδαίο σας Σύνταγμα, συμπεριλαμβάνει την ελευθερία της θρησκείας, κι αυτό σημαίνει επίσης και την ελευθερία του να είσαι άθεος, την ελευθερία να πιστεύεις ότι δεν υπάρχει θεός και να επωφελείσαι από την επιστήμη χωρίς ηθικούς περιορισμούς.

Εμείς, οι Ραελιανοί, πιστεύουμε ότι η επιστήμη πρέπει να είναι η θρησκεία μας, αφού η επιστήμη σώζει ζωές, ενώ οι θρησκείες και οι προκαταλήψεις σκοτώνουν.

Η επιστήμη καταστρέφει τις προκαταλήψεις και τα υπερφυσικά πιστεύω.

Αυτός είναι ο λόγος που η θρησκεία πάντα ήταν ένας εχθρός της επιστήμης και της προόδου και τώρα πάλι προσπαθεί να τις σταματήσει με κάθε τρόπο.

Θα πρέπει να οι άνθρωποι να είναι ελεύθεροι να αποφασίζουν αν θέλουν να επωφεληθούν ή όχι από την ανθρώπινη κλωνοποίηση.

Το να νομιμοποιήσουμε την ανθρώπινη κλωνοποίηση σημαίνει να προστατεύσουμε τα δικαιώματα των «αγέννητων», αφού ο κλωνοποίηση δίνει μια δεύτερη ευκαιρία στη ζωή για βρέφη, όπως αυτό που κλωνοποιούμε τώρα, ένα μωρό 10 μηνών που σκοτώθηκε από ιατρικό λάθος. Θα μπορούσε να είναι το αγαπημένο σας παιδί ή εγγονάκι. Σκεφτείτε τον...

Οι νομοθέτες δεν πρέπει να είναι συνένοχοι με τις δυνάμεις του Μεσαίωνα και των προκαταλήψεων, γιατί θα τους κρίνει η ιστορία.

Η ανθρώπινη κλωνοποίηση είναι το πρώτο βήμα προς μια άλλη μεγάλη ανακάλυψη: την δημιουργία εντελώς τεχνητών διαφορετικών μορφών ζωής, όπως έγινε από τους δημιουργούς μας, τους Ελοχείμ, όταν μας δημιούργησαν πάνω στη γη.

Όχι μόνο η ανθρώπινη κλωνοποίηση δεν αντιτίθεται στο θέλημα αυτού που οι άνθρωποι αποκαλούν θεό, αλλά είναι στο σχέδιο των Δημιουργών μας για εμάς να την ανακαλύψουμε και να την χρησιμοποιήσουμε όπως κι άλλοι πολλοί θρησκευτικοί ηγέτες υποστηρίζουν, και να γίνουμε, όπως είναι γραμμένο στη βίβλο, ίσοι των Δημιουργών μας.

ΑΝΑΦΟΡΕΣ

Εξελίξεις στην κλωνοποίηση

- Human cloning:
http: / /www.humancloning.org/firsthumanclone.htm
- Noah's ark:
http://www.egroups.com/message/rael-science-
select/686? &start=682
- Great Britain accepts human cloning:
http://www.egroups.com/message/rael-science-
select/655?
- The stars of cloning:
http://news.bbc.co.uk/low/english/sci/tech/
newsid_437000/437391.stm
http: / /www.p-i.com/national /pigs15.shtml
http://www.egroups.com/message/rael-science-
select/649? &start=627
- To resurrect the dead:
http://www.globeandmail.com/offsite/Science/19991023/
UMAMMN.html
http://www.discovery.com/exp/
mammoth/990911dispatch.html
http: / /www.egroups.com/message/rael-science-
select/420? &start=412
- No premature aging:
http: / /www.egroups.com/message/rael-science-
select/677? &start=652

- We are conserving DNA:
  http://www.humancloning.org/dnaaustralia.htm
  http://www.savingsandclone.com
- Four Japanese calves copied with a new technique:
  Le Figaro Magazine. January 5th, 2000.
- Cloned beef for dinner?:
  http://www.abcnews.go.com/sections/science/
  DailyNews/clone_beef990909.html

Ανακαλύψεις στη Βιολογία

- And Man created…:
  http://www.abcnews.go.com/sections/ living/Bioethics/
  bioethics.html
  http://news.bbc.co.uk/hi/english/sci/tech/specials/
  anaheim_99/newsid_262000/262025.stm
  http://www.sundaytimes.co.uk/news/pages/ sti
  /00/01/23/stinwenws01049.html? 999
- Sequencing of the human genome: the mission has been
  carried out! :
  http://www.abcnews.go.com/sections/living/Bioethics/
  bioethics.html
  http://news.bbc.co.uk/hi/english/sci/tech/specials/
  anheim_99/newsid_262000/262025.stm
  http://www.sundaytimes.co.uk/news/pages/ sti
  /00/01/23/stinwenws01049.html? 999
- On the way to eternity:
  http://www.sciencedaily.com/
  releases/1999/08/990831080844.htm
  http://www.egroups.com/message/rael-science-
  select/552
  http://www.egroups.com/message/rael-science-
  select/627?
- Mutant mice with exceptional longevity: Le Figaro
  Magazine, November 19th

- 1999
- A killer's brain: a clinically sick brain:
  http://www.abcnews.go.com/sections/ living/
  InYourHead/allinyourhead.html
- The virtual plant :
  http://news.bbc.co.uk/hi /english/sci/tech/
  newsid_771000/771145.stm
- To wake up our retired neurons:
  http://news.bbc.co.uk/hi /english/health/
  newsid_447000/447973.stm
- Cultures of bone and cornea:
  http://news.bbc.co.uk/hi /english/health/
  newsid_719000/719673.stm
  http://www.egroups.com/message/rael-science-
  select/585?

Γενετικά τροποποιημένοι οργανισμοί

- Introduction: http://www.egroups.com/message/rael-
  science-select/440?
- http://news.bbc.co.uk/hi/english/sci/tech/
  newsid_482000/482467.stm
- Modified salmon:
  http://news.bbc.co.uk/hi /english/sci /tech/
  newsid_708000/708927.stm
- A solution for the Third World countries?
  http://www.egroups.com/message/rael-science-
  select/605? &start=597
- Treatment for victims of third degree burns:
  http://www.wired.com/news/
  technology/0,1282,20874,00.html
- More intelligent thanks to genetic engineering:
  http: / /www.egroups.com/message/rael-science-
  select/397? &start=395
  Building a Brainier Mouse, Scientific American, April

2000. pp.62-68
Mickey Mouse, Ph.D. Scientific American, November
1999. p. 30.
- Genetically modified organisms for pleasure!:
http: / /www.egroups.com/message/rael-science-
select/498? &start=470
- Water me!:
http://news.bbc.co.uk/hi/english/sci/tech/specials/
sheffield_99/newsid_446000/446837.stm
- The marriage of the monkey and the jellyfish:
Le Figaro Magazine, December 24th, 1999

Νέες Τεχνολογίες

- The speed of light:
http://www.sciencedaily.com/
releases/1999/10/991005114024.htm
http: / /news.bbc.co.uk/hi /english/sci/tech/
newsid_655000/655518.stm
http: / /news.bbc.co.uk/hi /english/sci /tech/
newsid_655000/655518.stm
- The DNA-based computer:
Quebec Science, Volume 38, number 7, April 2000, p.30.
- An electronic eye for blind persons:
http: / /news.bbc.co.uk: 80/ low/english/sci /tech/
newsid_606000/606938.stm
- AIBO the dog full of bugs:
Le Figaro Magazine, November 6th 1999.

Το διάστημα και οι κάτοικοί του

- The Crop circles:
- http://www.egroups.com/message/rael-science-
select/377? &start=364

- Dream or reality soon to be?:
  http://www.egroups.com/message/rael-science-select/456?
- A new planet:
  http://www.egroups.com/message/rael-science-select/457
- The search for a contact:
  http://www.egroups.com/message/rael-science-select/390?
  http://www.egroups.com/message/rael-science-select/407?
  http://www.egroups.com/message/rael-science-select/671?
  http://www.egroups.com/message/rael-science-select/356?

Η ομορφιά της Δημιουργίας

- The nose of the mosquitoes:
  http://news.bbc.co.uk/hi /english/sci /tech/ newsid_426000/426655.stm
- Insects... lesbians:
  Le Figaro Magazine
  http://news.bbc.co.uk/ low/english/sci /tech/ newsid_481000/481394.stm
- A nose to see the infinitely small:
  http://www.aibs.org/biosciencelibrary/vol46/sep.96. cover.info.html
  Le Figaro Magazine, January 11th 2000

Σεξουαλικότητα και αισθαντικότητα

- The human sexuality Society:
  www.sexuality.org

- The chemical mysteries of sexuality:
Le Figaro Magazine: March 4th, 2000.
- Badly informed young people:
http://dailynews.yahoo.com/h/nm/19991018/hl /sex9_1.
html
- The National Masturbation Day:
http://www.egroups.com/message/rael-science-
select/215?

Διαλογισμός και Ειρήνη

- Meditation prevents heart disease:
http://www.abcnews.go.com/sections/living/
InYourHead/allinyourhead_56.html
http://www.egroups.com/messages/rael-science-
select/637
- Do you want to live longer? Smile!:
http://www.egroups.com/message/rael-science-
select/622?
- Planetary Day for Peace:
http://www.clothofmanycolors.com
http://www.egroups.com/message/rael-science-
select/670?
- The effects of AOM meditation have been scientifically
proven:
Sang Yuel Choi (National Guide in Korea)
- The case of Ancient Greece:
La Recherche special issue 'Living 120 years',July/
August 1999, p. 90

Επίσημες διευθύνσεις στο internet σχετικές με το Ραελιανό Κίνημα

www.rael.org

www.raelianews.org

www.raelnews.tv

www.raelradio.net

Γίνετε συνδρομητές στο Raël Science, μια δωρεάν ειδησεογραφική υπηρεσία, που παρέχει μια παγκόσμια, αντικειμενική και μη λογοκριμένη ματιά στο τι επιφυλάσσει το μέλλον, μέσα από τις πιο πρόσφατες επιστημονικές και πνευματικές ανακαλύψεις στέλνοντας ένα κενό e-mail στη διεύθυνση:

(στην αγγλική γλώσσα)
subscribe@rael-science.org
(στην γαλλική γλώσσα)
subscribe-french@rael-science.org

Εάν θα θέλατε να συμμετάσχετε στα σεμινάρια που δίνονται από τον Ραέλ, παρακαλούμε επικοινωνήστε με το Ελληνικό Ραελιανό Κίνημα:

Τ.Θ. 6810
Ραφήνα
Ελλάδα

www.ingramcontent.com/pod-product-compliance
Lightning Source LLC
Chambersburg PA
CBHW022057210326
41519CB00054B/575